高等

服装设计
创意初阶

付丽娜　郭智敏　主编

化学工业出版社

·北京·

内容简介

本书以服装初阶基础理论为起点，以服装造型美感元素和服装设计实践表现为重点，详细讲解服装廊形设计、服装造型设计基本要素、服装细部设计、服装形式美法则等主要内容，配合服装设计创意案例深入分析，采用图文结合方式，展示设计方法和过程，为服装设计初学者提供一个循序渐进的阶梯式学习方法。

本书内容丰富新颖，图片精美，既可作为高等职业院校服装设计专业课程教材，又可为服装设计从业者及爱好者提供参考。

图书在版编目（CIP）数据

服装设计创意初阶 / 付丽娜，郭智敏主编. -- 北京：化学工业出版社，2025. 8. --（高等职业教育教材）.
ISBN 978-7-122-48338-6

Ⅰ. TS941.2

中国国家版本馆CIP数据核字第20256YN510号

责任编辑：熊明燕　蔡洪伟　　　　　　　　　　　文字编辑：李　双　刘　璐
责任校对：李　爽　　　　　　　　　　　　　　　装帧设计：史利平

出版发行：化学工业出版社（北京市东城区青年湖南街13号　邮政编码100011）
印　　装：天津市豪迈印务有限公司
787mm×1092mm　1/16　印张10¾　字数256千字　2025年10月北京第1版第1次印刷

购书咨询：010-64518888　　　　　　　　　　　　售后服务：010-64518899
网　　址：http://www.cip.com.cn
凡购买本书，如有缺损质量问题，本社销售中心负责调换。

定　　价：58.00元

前 言

随着数智化时代的到来，信息传播和技术革新的速度加快，服装设计行业正面临着前所未有的变革。时尚元素更新的速度日新月异，对服装设计人才提出了更高的要求。高等职业院校作为培养职业技能人才的重要基地，肩负着为社会输送优秀服装设计人才的重任。因此，在制订教学大纲和教学计划，选择专业教材时要具体针对高等职业教育学科的实际需求，让教材能够最大程度地发挥其专业功能。

教育部在《高等学校课程思政建设指导纲要》中明确提出，全面推进课程思政建设是落实立德树人根本任务的战略举措，是全面提高人才培养质量的重要任务。为了使课程思政教育与专业课程技能教育有机结合，有机融入党的二十大精神，本书在介绍服装设计知识的同时，将优秀的中国传统服饰文化融入教材的章节内容，深度挖掘爱国情怀、价值导向、审美素养与职业精神等思政教育内涵。通过专业知识教学与思政元素有机融合，将家国情怀、文化自信、工匠精神等理念浸润于教学实践，同步培养学生"专业精进"与"品德塑造"的双重素养。将课程思政自然融入专业课的课程建设及教学过程，这正是在"怎样培养人"的维度上对职业教育本质回归的重要体现。

本书内容分为服装初阶基础理论、服装造型美感元素、服装设计实践表现三个模块，循序渐进，可读性强，让学生更容易学习和理解。这三个模块又由八章组成。服装初阶基础理论模块包括第一章和第二章。第一章简要介绍服装设计的概念、发展历史，以及服装设计师应具备的素质。第二章介绍服装设计三要素的构成。该模块的内容可为读者学习服装设计奠定理论基础。服装造型美感元素模块由第三章至第六章组成，重点阐释了服装设计创意的廓形分类及设计方法、服装造型设计基本要素点线面的构成、服装细部设计、服装形式美法则，也是本书的重点内容之一。服装设计实践表现模块由第七章和第八章组成。第七章主要讲述了服装款式图表现技法，方便初学者简洁快速绘制服装款式图。第八章系统介绍了系列装的设计表达流程，结合实际案例，详细介绍了服装设计创意初阶从灵感来源、灵感收集到应用设计实践，能够让读者掌握系列装设计方法，并能灵活地运用到服装设计作品中。本书通过展示教学过程中的优秀案例设计，引领读者深入赏析和体会创意服装设计的实际应用，从而培养和激发读者的服装创意创新思维和服装艺术鉴赏能力。

本书配套丰富的数字资源（动画、视频、PPT），可以用手机直接扫码学习。希望这本

《服装设计创意初阶》能够成为学生们在服装设计道路上的得力助手，引领他们不断探索、创新，为时尚产业注入新的活力。

　　本书由广东职业技术学院付丽娜、郭智敏担任主编，广东职业技术学院李伟良、张梦凯、王辰洁担任副主编。其中第一章、第三章、第四章、第六章由付丽娜、郭智敏和广州悟蓝手作品牌主理人，国家级非物质文化遗产项目"自贡张氏扎染"第五代传承人瞿德刚编写；第二章、第七章由李伟良、广州子诺服饰有限公司设计总监张赞编写；第五章由张梦凯编写；第八章由王辰洁、广州市纺织服装职业学校赵锐编写；全书由付丽娜完成统稿，由广东职业技术学院汤瑞昌副教授担任主审。本书在编写过程中得到了广东职业技术学院的领导和老师们的鼎力相助，同时也参阅了部分文献，衷心感谢参与教材编写的专家学者，他们的专业知识和宝贵经验为本书的完善提供了重要支持。另外，本书的很多设计案例来源于广东职业技术学院服装学院的优秀学生作品，在此表示感谢！

　　由于编者水平有限，在编写过程中难免有不足之处，敬请各位读者朋友批评指正！

编者

2025 年 3 月

目 录

模块一

服装初阶基础理论

模块二

服装造型美感元素

第三章　服装廓形设计　033

第四章　服装造型设计基本要素　057

第五章　服装细部设计　　074

模块三

服装设计实践表现

二维码资源目录

序号	资源名称	资源类型	页码
31	有规律节奏、等级性节奏（钟琪玥作品）	视频	102
32	细节及装饰元素的呼应（张玉婷作品）	PDF	104
33	强调主要元素的设计（陈志智、叶童瑶、冯晓晴作品《升官发财》）	PPT	105
34	袖子局部款式夸张的设计（黎国鑫、李晓彤作品）	视频	106
35	服装中的综合调和（邓蕾作品）	PDF	106
36	基于人体比例的"T"形对称画法	动画	117
37	以中国古建筑屋檐的形色和神兽为灵感的系列设计《浮华古琢》（林洸余作品）	PPT	129
38	《塞上行》系列成衣展示（高思懿、李聪慧作品）	视频	136
39	系列装设计方法	动画	137
40	解构主义风格服装系列设计《璃》（莫小婷、谢粤作品）	视频	137
41	系列装《不筝》（庆瑞东作品）	视频	138
42	面料的改造与创新	PDF	140
43	《枯木逢春》成衣展示	视频	158

模块一

服装初阶基础理论

第一章

服装与服装设计概述

 学习目标

▶▶ 知识目标

了解服装及服装设计的基础概念。

▶▶ 能力目标

能阐述服装设计的研究范畴和服装的发展历程。

▶▶ 素质目标

通过学习服装的发展历程及服装设计师技能，培养社会责任感和职业精神。

在人类文明的漫长进程中，服装不仅见证了历史的变迁，更是政治、经济、文化的直观载体，体现了人类智慧与创造力的结晶。从原始人的简单围裹，到现代服饰的多样纷呈，服装的演变跨越千年，映射出人类文明的进步与发展。在这一过程中，服装不仅是文明的见证者，更是未来的书写者。服装设计不仅追求美学上的和谐与创新，更强调文化传承、社会责任与可持续发展，共同推动着人类文明的繁荣与进步。

第一节　服装设计学的概念与研究范畴

随着时代更迭，服装的功能和意义在发生着深刻的变化。它不再仅仅是人类遮体避寒的简单生活资料，而是逐渐融入了更多的社会文化内涵，成为社会物质文明和精神文明的交汇点。今天的服装，不仅具有实用性，更是人们展示个性、品位和审美的重要方式（如图1-1）。在服装的不断进步和发展中，其属性也逐渐丰富起来，显现出物品、产品、商品和艺术品的综合特征。服装不仅仅是生活中的一种实用物品，它还是工业化生产的产品，是市场上流通的商品，有时更是服装设计师倾注心血的艺术品。

服装设计作为现代设计中的一个重要门类，是一门综合性的艺术，其核心任务是对服装的造型、色彩、面料和工艺等方面进行创造性的设计。这既要求设计师们充分考虑到人们对服装功能性的需求，如舒适度、耐用性等，又要满足人们的审美需求，设计出独具匠心的时尚单品。同时，经济因素也是服装设计中不可忽视的一环，设计师们需要在保证设计品质的前提下，充分考虑成本和市场定位，以确保设计的可行性和市场竞争力。

展示个性、品位和审美的服装（陆海东作品）

图 1-1　展示个性、品位和审美的服装（陆海东作品）

一、服装与服装设计的概念

（一）服装的概念

从广义的角度来看，服装包含了衣服、鞋子以及各类装饰品等，但在日常语境中，"服装"更多地被用来指代衣服。而在国家标准中，服装被更为具体和精确地定义为：通过缝制工艺制作，能够穿在人体上起到保护和装饰作用的产品，通常也被称为衣服。这个定义明确了服装的基本功能和制作方法，强调了其对人体保护和美化的双重作用。这两个定义并不矛盾，而是从不同的角度对"服装"这一概念进行了阐述。广义定义展现了服装的丰富性和多样性，而国家标准中的定义则更加注重服装的实用性和制作工艺。两者共同构成了对"服装"全面而深入的理解。

（二）服装设计的概念

设计（design）意指计划、构思、设立方案，也含有意象、作图、造型之意，而服装设计的定义就是解决人们穿着生活体系中诸问题的富有创造性的计划及创作行为。

服装设计属于工艺美术范畴，是实用性和艺术性相结合的一种艺术形式。通俗来讲，它是服装设计师运用一定的思维形式、美学规律和设计程序，将其设计构思以绘画的手段表现出来，并选择适当的材料，通过相应的剪裁方法和缝制工艺，使其设想进一步物化的过程。

二、服装设计的研究范畴

1. 高级女装设计

高级女装，亦称高级时装，是传统而典雅的服装类型，通常是量体裁衣、单件制作，工艺精致且价格昂贵。它是设计精良、剪裁考究、面料优质、装饰精致的服装的代名词，体现着品牌价值与市场定位。高级女装注重细节与剪裁，追求完美比例与线条，选用丝绸、羊毛、羊绒等高档面料，融入手工刺绣、珠片等元素，以提升整体质感与视觉效果。它强调个性化与独特性，作品蕴含设计师的创意与对时尚的理解（如图1-2）。

2. 成衣设计

成衣设计是服装产业中的一个重要分支，代表着一种高效、标准化的生产方式。与高级女装设计的定制化、个性化特点不同，成衣设计更注重批量生产和市场普及性。这种设计模式在20世纪初出现，并逐渐成为现代服装产业的主流形式。成衣设计的核心特点是大批量、在流水线上生产标准型服装。成衣是按照统一的标准和规格进行生产的，能确保产品质量的一致性和生产效率的高效性。在设计方面，成衣设计注重的是满足大众市场的审美需求和功能需求。此外，成衣设计通常会选用质量稳定、价格适中且易于加工的面料。由于其价格适中、款式多样且更新迅速，销售渠道广泛，成衣在市场上具有很高的竞争力（如图1-3）。

图1-2　高级女装

图1-3　成衣设计

3. 时装设计

时装设计是时尚产业中的关键环节，它结合了高级女装的精致与成衣的实用性，形成了一种独特的设计风格。这种设计风格既体现了时尚的前沿性，又考虑到了市场的接受度和消费者的实际需求。时装设计强调的是服装的流行性和时尚感，这种设计通常具有明显的流行时段的轨迹，能够迅速反映市场趋势和消费者的审美变化。与高级女装相比，时装设计在价格上更为亲民，同时也不失设计感和时尚感。这使时装设计成为更多消费者能够接触和享受到的时尚产品。与成衣相比，时装设计在款式和风格上更加活泼多样。它不仅满足基本的穿着需求，更注重表达个性、品位和时尚态度（如图1-4）。

图1-4 时装设计

第二节 服装的社会文化观念与服装设计的发展

一、服装的社会文化观念

服装的社会文化观念是一个多元且复杂的话题，它涉及多个方面，包括身份认同、文化传承、个人表达以及时尚趋势等。

（一）身份和社会地位

服装是传达个人身份和社会地位的重要媒介。不同的服装风格、品牌和材质往往与特定的社会阶层、职业或文化群体相关联。例如，在中国古代社会，服饰与社会地位紧密相连，不同社会阶层的人们穿着不同的服饰来表达他们在社会中的地位。官员穿着朝服、宫廷服等来彰显权威和高贵，而平民百姓的服饰则更加朴素。这种通过服装展示身份和地位的现象在现代社会依然存在，但可能更加隐晦和复杂。

（二）文化传承和发展

服装也是文化传承和发展的载体。各个民族和地区都有自己独特的传统服装，这些服装反映了该地区的历史、宗教、习俗和价值观。例如，中国的旗袍、日本的和服以及印度的纱丽等，都是各自文化传统的象征。穿着传统服装可以帮助人们保持对自己文化根基的认同感，并将这些服装文化传承给下一代。服装也是文化发展的见证者。这种发展不仅反映了人们对美的追求和审美的变化，更体现了文化的演进和时代的变迁。

（三）个人表达和风格

在现代社会，服装更多地成为个人表达自我风格和个性的方式。人们通过选择服装的颜色、款式、图案和配饰来展示自己的独特品位和审美观。这种个性化的服装选择使得每个人都能够以自己的方式展现创造力和个性。

（四）时尚和流行趋势

服装行业常常受到时尚和流行趋势的影响。时尚趋势反映了当下的社会、文化和审美观念，它们随着时间而变化。同时，社交媒体和时尚博主的兴起也使得时尚趋势的传播更加迅速和广泛。此外，服装还可以促进不同文化之间的交流和融合。全球化使得不同文化的服装元素相互影响和融合，创造出新颖的时尚风格。这种跨文化交流丰富了服装的多样性，也促进了文化的相互理解。

二、服装设计的发展

（一）起源与早期阶段

在人类社会的早期，服装设计主要基于实际需求而产生。原始人类使用树叶、兽皮等材料制作简单的衣物，以保护自己免受恶劣自然环境的侵害（如图1-5）。这些衣物通常没有太多的装饰和设计元素，主要功能是遮体和保暖。然而，随着社会的发展和文明的进步，人们开始关注服装的审美价值。在不同的文化和地区中，服装逐渐成为身份、地位和财富的象征。例如，《礼记》记载的深衣是古代诸侯、大夫等阶层的家居便服，其特点是使身体深藏不露，端庄典雅（如图1-6）。

图1-5 原始人用树叶或兽皮制作衣物

图1-6 中国古代传统深衣

（二）中世纪至文艺复兴

进入中世纪，欧洲社会的服装设计深受宗教影响。教会服饰成为当时的主流，其设计严谨、庄重，反映了当时的宗教观念和社会等级制度（如图1-7）。然而，随着时间的推移，文艺复兴的曙光照亮了欧洲大陆。这一时期的服装设计迎来了巨大的变革，人们开始重新关注人体的自然美和线条美。服装的剪裁更加贴合身体，展现出优雅的曲线。同时，贵族装饰品如蕾丝、珍珠、宝石等被广泛应用于服装设计中，使得服装更加华丽和浪漫。

（三）近代多元发展时期

近代服装风格演变迅速且呈现多元化特点。服装在造型与剪裁上不断创新，如从文艺复兴时期的自然裙摆，到巴洛克时期的略微膨大，再到洛可可时期的优雅垂坠，以及克里诺林时期和巴斯尔时期裙子的极度膨大与夸张，裙撑的材质和形状不断演变，极大地影响了服装的整体造型。服装运用刺绣、珠片、宝石镶嵌、蕾丝拼接、蝴蝶结、褶裥等装饰手法，使服装表面布满精美的图案和细节，体现出当时社会对奢华和美的极致追求（如图1-8）。这一时期，性别差异突出。男装与女装在款式、色彩、装饰等方面的差异逐渐明显。女装强调柔美、华丽和曲线美，男装则注重简洁、稳重和实用性。法国大革命促使服装风格从华丽的宫廷风格向简洁的平民风格转变。

图1-7 中世纪服饰

图1-8 洛可可时期女装

（四）工业化与现代时期

工业革命的到来改变了人们的生活方式，也深刻影响了时装的发展。机械化生产的普及使得布料成本降低，服装变得更加易于获得。19世纪末，女性开始穿着更为实用的服装，强调舒适与功能性。工业革命的爆发为服装设计带来了前所未有的机遇和挑战。机器生产的引入大大提高了服装的生产效率，也使得批量生产成为可能。这一时期，服装设计逐渐走向标准化和商业化（如图1-9）。同时，时尚的概念开始兴起，巴黎等时尚之都成为了全球服装设计的引领者。克里斯汀·迪奥（Christian Dior）、路易威登（Louis Vuitton）、香奈儿（Chanel）等知名品牌在这一时期崭露头角，引导时尚流行。这些品牌的设计理念和风格对后来的服装设计产生了深远的影响。

图1-9　标准化和商业化的服装

图1-10　环保棉麻类服装

（五）当代发展与未来趋势

进入当代社会，服装设计的发展更加多元化和个性化。智能穿戴技术、3D印花、虚拟现实等新兴技术为时尚产业带来更多的可能性。同时可持续发展成为服装设计的重要趋势。设计师们开始关注环保材料的使用和资源的循环利用，以减少对环境的影响（如图1-10）。此外，全球化也促进了不同文化元素的融合和创新。在服装设计中，可以看到各种文化元素的碰撞和交融，为时尚界带来了更多的新鲜感和创意。

服装设计的发展历程是一个不断创新和适应时代需求的过程。从简单的保护功能到文化和时尚的表达，再到科技和创新手段的应用，服装设计在不断演变和进步中展现了人类对于美与创新的无限追求。

第三节　服装设计师应具备的素质

服装设计是一门融合艺术、技术、商业与文化的综合性学科，对设计师的综合素质要求极高。一名优秀的服装设计师不仅需要具备扎实的专业技能，还需拥有敏锐的市场洞察力、深厚的文化底蕴以及持续创新的能力。

服装设计师应
该具备的素质

一、专业能力——设计与技术的双重基石

（一）手绘与数字化能力

设计师需精通手绘草图、款式图及效果图，同时掌握 Photoshop、Illustrator、CLO 3D 等设计软件，将创意快速转化为可视化方案。例如，日本设计师三宅一生通过手绘褶皱结构草图，结合 3D 建模实现标志性"一生褶"设计。

（二）立体剪裁与平面制版

立体剪裁能力直接影响服装的廓形与人体贴合度，如 Christian Dior 的新风貌（New Look）系列即通过立体剪裁重塑战后女性轮廓；平面制版则需精通比例计算与工艺细节，确保设计的可量产性。

（三）面料与工艺掌控

设计师需熟悉面料的物理特性（如弹性、垂感、透气性）与加工工艺（如染色、印花、复合），并能通过改造赋予面料新生命。例如，亚历山大·麦昆（Alexander McQueen）在 1999 年春夏系列中，将玻璃纤维与丝绸结合，打造出兼具脆弱感与力量感的"飞鸟裙"。

（四）跨学科知识储备

服装设计与人体工程学、材料科学、心理学等领域紧密相关。例如，运动品牌安德玛（Under Armour）通过生物力学研究优化运动服的压力分布；国内羽绒服品牌波司登通过航天材料技术转化与人体热力学研究，开发出"登峰 2.0 系列"专业保暖系统，成为跨学科技术整合的标杆。

二、艺术素养——审美能力与文化洞察力

（一）审美能力与风格塑造

设计师需具备对色彩、比例、节奏的敏锐感知，并能形成独特的视觉语言。山本耀司以"反时尚"的黑白剪裁打破传统美学规则，其作品被视为"行走的哲学"；中国设计师马可将"无用"品牌的手工质感与极简主义结合，塑造出返璞归真的东方美学。对艺术史与时尚史的深入研究不可或缺，如约翰·加利亚诺（John Galliano）从 19 世纪唯美主义绘画中汲取灵感，为迪奥（Dior）设计出浪漫主义高定礼服。

（二）文化理解与跨界融合

服装是文化的载体，设计师需深入理解不同地域、民族的文化符号，并将其转化为现代设计语言。例如，古驰（Gucci）创意总监亚历山德罗·米开理（Alessandro Michele）将文艺复兴壁画、日本浮世绘与街头文化混搭，打造出复古未来主义风格。中国设计师郭培在"青花瓷"系列中，将传统青花纹样与西式婚纱廓形结合，实现中西文化的对话。

（三）叙事能力与情感表达

优秀设计需具备故事性与情感共鸣。川久保玲的"Body Meets Dress"（身体与衣服的对话）系列通过扭曲的填充结构，探讨身体与服装的权力关系；维克托 & 罗尔夫（Viktor & Rolf）以夸张的立体蝴蝶结讽刺消费主义，探索时尚之外的文化反思。

三、市场意识——商业思维与消费者洞察

（一）市场趋势预判能力

设计师需通过数据分析（如潘通色彩报告、WGSN 趋势预测）与实地调研（快闪店、社交媒体舆情）捕捉消费动向。中国跨境快时尚品牌希音（SHEIN）凭借"实时数字闭环"模式，将社交平台的潮流热点在 7 天内转化为量产商品。对细分市场的敏感度同样重要，如李宁抓住"国潮"机遇，将少林武术元素融入运动装，成功打开年轻市场。

（二）成本控制与供应链管理

设计师需平衡创意与成本，国内女装品牌之禾（ICICLE）通过天然材料闭环供应链与零浪费生产模式，实现高端环保服饰的商业化落地。商业系列设计需考虑面料损耗率、生产工艺复杂度等现实因素。对供应链的认知直接影响品牌声誉，江南布衣（JNBY）通过材料创新与柔性供应链整合，成为本土可持续时尚的典范。

（三）品牌定位与差异化竞争

设计师需明确品牌 DNA，并在设计中强化辨识度。例如，巴黎世家（Balenciaga）以"反奢华"的夸张廓形重塑品牌形象；中国品牌密扇（MUKZIN）通过《山海经》主题数码印花，在国潮赛道中脱颖而出。跨界联名成为重要策略，如路易威登（Louis Vuitton）与草间弥生的合作系列，既吸引艺术爱好者，又拓展消费群体。

四、个人品质——管理能力与职业精神

（一）抗压能力与时间管理

时装行业节奏极快，设计师需在限定时间内完成从灵感生发到样衣制作的全流程。

项目管理能力至关重要，如协调版师、样衣工、摄影师等多方合作，确保时装周作品按时交付。

（二）创新精神与学习能力

时尚行业瞬息万变，设计师需持续学习新技术与新理念，并坚持原创。例如，虚拟时装设计品牌数字织造局（The Fabricant）完全放弃实体服装，专注数字时装设计，开辟全新赛道。对失败的态度决定职业高度，汤姆·福特（Tom Ford）在古驰（Gucci）濒临破产时临危受命，通过大胆改革重塑品牌辉煌。

（三）职业道德与社会责任

设计师需关注行业绿色发展。可持续设计成为必修课，如玛琳·塞赫（Marine Serre）的"升级再造"系列，将废旧衣物转化为高级时装；中国设计师张娜通过"再造衣银行"项目推动循环时尚。

 知识拓展

中国高定女王

郭培，中国著名的高级定制服装设计师，被誉为"中国高定女王"及"中国香奈儿第一人"。1997年，郭培创立北京玫瑰坊时装有限责任公司，开创了中国高级定制时装的先河。郭培是中国第一个且唯一被巴黎高级时装工会正式邀请，在巴黎高级定制周上进行发布的服装设计师。郭培秉承着"东学为体，西学为用"的设计理念，将中国传统文化融入高级时装的设计之中。她善于从古典文学、历史典故、传统工艺中汲取灵感，致力于对传统服饰工艺的研究与创新，将传统青花瓷釉之美与水墨画艺术运用于服装设计之中。同时，她还积极恢复几近失传的"宫绣"工艺并探索新的刺绣技法，为传统工艺的传承与发展做出了重要贡献。郭培的代表作品包括北京奥运会颁奖礼服、"大金"礼服、"黄皇后"礼服等。她曾荣获"中国十佳设计师"称号、入选《时代》周刊全球100位最具影响力人物榜单等。郭培的作品多次在国际展览中展出并被收藏，促进了中外时尚文化的交流与融合。

思考与练习

1. 思考不同历史时期、地域和民族中，服装款式、色彩和材质如何体现当时的社会文化。

2. 了解服装的发展历程，查阅近现代具代表性的服装设计师的风格和其代表作品。

3. 分析创意和审美能力在服装设计中的重要性，以及如何通过观察、研究和实践来培养获得这些能力。

第二章

服装设计三要素

 学习目标

▶▶ **知识目标**

掌握服装设计三要素内容及三要素之间的关系。

▶▶ **能力目标**

能灵活运用及整合三要素，根据设计需求进行创新。

▶▶ **素质目标**

提升审美素养及服装设计的综合能力。

服装色彩、服装材料和服装款式是服装设计的三个核心要素，简称色、质和型，它们相互影响、相互依存，共同构成了服装的整体效果。因此，在设计时需要综合考虑三要素的关系，以确保整体设计的良好呈现。设计过程中，需要追求美学和谐与创新，同时秉持可持续发展理念。色彩需符合潮流且倡导环保染料，尊重自然；材料注重环保与可持续性，优选天然或再生材料，减轻环境负担；款式追求个性与实用性并重，以人为本。

第一节　服装色彩设计

服装色彩，简称"色"，是服装的基本表情，指在服装设计中不同颜色的运用，包括色相、明度、纯度以及流行色的使用等。"远看花，近看色"，这句话充分体现了服装色彩的重要性，它是消费者在选择服装时的重要因素，同时，色彩能够影响消费者的情绪和感觉，增强消费者对服装的第一印象。服装色彩的选择需要考虑服装的款式、面料，消费者的偏好，以及销售场所的灯光和背景等因素。合适的色彩搭配能够提升服装的整体美感，增强品牌形象。

一、色彩基础知识

（一）色相环

它是将按光谱排序的长条形色彩序列首尾连接形成的环。色相环是在红色、黄色、蓝色三原色的基础上推移出来的，例如三原色中的红色＋蓝色＝紫色，红色＋黄色＝橙色，黄色＋蓝色＝绿色。这些颜色按照某些特定的顺序排列并不断延伸就会产生丰富的色彩（如图2-1）。

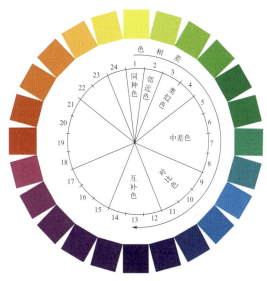

图2-1　24色相环

（二）色彩的三属性

1.明度

明度指色彩的明暗程度。一般情况下指的是色彩本身的明暗程度的差别，如黄色的明度比绿色的明度要高，橙色的明度要比紫色的明度要高。另外一种情况是指在某种颜色里面加入黑色或者白色后，其明度产生的不同变化，加入黑色其明度降低，加入白色其明度提高。

2.纯度

纯度指色彩鲜艳程度、纯净程度，也称为饱和度、彩度。在色彩学中，纯度最高的颜色通常是原色，也就是红、黄、蓝这三种基本颜色。这些颜色未与其他颜色混合，因此它们的纯度最高。

3.色相

色相指色彩本身的相貌，也就是色彩的不同名称。例如常见的七彩色，即赤、橙、黄、绿、青、蓝、紫。在同一种颜色中又有不同的名称，如红色中的大红、橘红、西瓜红、中国红、深红等类似色。

二、色彩的对比与调和

色彩的对比与调和是色彩学中两个相辅相成的重要概念，它们共同构成了色彩搭配的总体要求。

（一）色彩的对比

色彩的对比是指色彩之间由于存在鲜明差异而呈现的不同效果。这种差异可能来自色相、明度、纯度以及位置、形状、面积等多个方面。

1. 色相对比

（1）同种色对比　指色相相同但明度不同的对比，属于色相弱对比，给人以高雅、文静、单纯、柔和的感觉（如图 2-2）。

（2）邻近色对比　指在色相环中位置上相近的颜色。邻近色色相彼此近似，冷暖性质一致，色调统一和谐，感情特性一致。例如：朱红色与橙色是邻近色，朱红色以红色为主有中量黄色；橙色是黄色与红色等量，它们在色相上有一定差别，但在视觉上却比较接近，起到色调的调和统一又有变化的效果。采用邻近色相对比，需要拉开色彩的明度距离，以避免画面显得平淡（如图 2-3）。

（3）类似色对比　是指在色相环中 30～60 度之间的颜色对比（如图 2-4）。这种对比属于较弱的对比类型，因为色相之间的差异较小，给人一种柔和、协调、统一的感觉，但同时也可能显得单调。

（4）中差色对比　指在色相环中 60～120 度之间的颜色对比。这种配色方式在视觉上具有很大的配色张力效果，是一种非常个性化的配色方式。中差色的特点是清新明快、柔美秀雅，能够给人以柔和而不突兀的视觉体验。在视觉效果上，中差色能够营造出一种既有个性又协调的氛围，同时具有一定的视觉冲击力，适合用于需要突出个性和创意的设计场景（如图 2-5）。

（5）对比色对比　指在色相环中 120～180 度（除去互补色）之间的颜色对比。具体指颜色在靠近时相互显得更加鲜明、突出或强调彼此对比的现象（如图 2-6）。如黄色与蓝色、紫红色，它们之间的对比强烈。

（6）互补色对比　指在色相环中直对 180 度的两种颜色的色相对比。这种对比最为强烈、刺激（如图 2-7）。如黄色与紫色、橙色与蓝色、红色与绿色等都是补色关系，当人眼长期注视红色然后突然看向白色物体时，眼睛看到的不是白色而是一片绿色，这也就说明了绿色就是红色的补色。

图 2-2　同种色对比

图 2-3　邻近色对比

图 2-4　类似色对比

图 2-5　中差色对比

图 2-6　对比色对比

图 2-7　互补色对比

2. 明度对比

明度对比是指色彩的明暗程度对比。在色彩构成中占有重要地位，因为它比其他任何对比的感觉都强烈。明度对比可以增强画面立体感和空间感（如图2-8）。

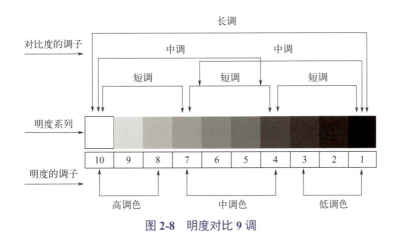

图2-8 明度对比9调

3. 纯度对比

纯度对比是指色彩纯净度的对比。高纯度与低纯度相邻接时，纯的更纯，灰的更灰。纯度对比可以突出色彩的鲜艳程度，增强画面的表现力（如图2-9）。

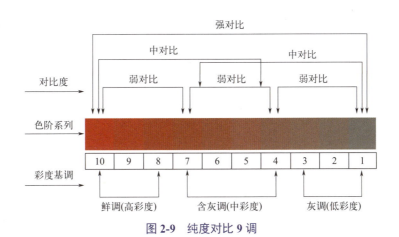

图2-9 纯度对比9调

4. 冷暖对比

在色相环中，冷极和暖极分别是蓝色与橙色。通常情况下，以冷极为中心轴左右各90度范围内的颜色称之为冷色；反之，以暖极为轴左右各90度的颜色称之为暖色。冷色和暖色没有严格界定，在比较两种颜色的冷暖时，要把其放入色相环中比较，这两种颜色哪种颜色距离冷极近哪种就是冷色，反之则为暖色。如黄绿色，与红色相比较它是冷色，与蓝色相比较它是暖色。同样一种颜色，如黄色，偏红色的黄色给人的感觉是暖色，偏绿色的黄色给人的感觉是冷色。在色相环中，冷色主要有蓝色、蓝绿色、蓝紫色、蓝青色、青色等。暖色主要有橙色、橙黄色、橙红色、红色、红紫色等。

　　冷暖对比是由于色彩冷暖的差异而形成的对比。暖色给人以阳光、热烈、前进等感觉；冷色则给人以阴影、冷静、后退等感觉。冷暖对比可以增强画面的情感表达（如图2-10）。

5.面积对比

　　面积对比是指色彩在画面中占据的面积大小对比。面积相等的对比强，面积差异大的对比弱。通过调整色彩面积的比例，可以影响画面的整体效果和视觉平衡（如图2-11）。

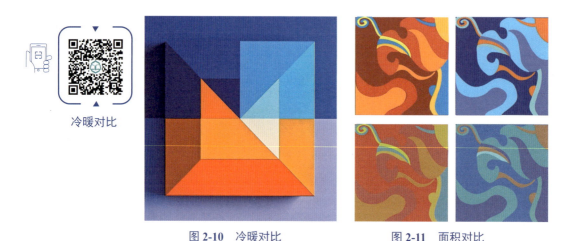

冷暖对比

图 2-10　冷暖对比　　　　　　图 2-11　面积对比

（二）色彩的调和

　　色彩的调和与对比是相辅相成的。调和就是把存在差异的色彩对比关系，经过调整重新组合成一个和谐而具有美感的统一整体。

图 2-12　同一调和

1.同一调和

　　同一调和是指两个或两个以上的色彩在色相、明度、纯度上有某一种要素完全相同，通过变换其他要素以达到的调和。这种调和使配色显示出一种简单的统一感（如图2-12）。

2.类似调和

　　类似调和是指色彩的色相、明度、纯度中有某一种要素或两种要素类似，通过变换其他要素所构成的调和。这种调和能使色彩差别变小，色彩对比削弱，色彩调和增强（如图2-13）。

3.对比调和

　　对比调和是以强调变化而组合的和谐的调和方式。在对比色双方都加入同一种色相，或在明度和纯度方面进行调和，使对比色达到和谐统一的效果（如图2-14）。

(a) 双性近似　　　　　　　　　　　　　　　　　　(b) 三性近似

图 2-13　类似调和

图 2-14　对比调和

4. 渐变调和

渐变调和是在对比色中运用色彩渐变的方法，减弱色彩双方的强度，以达到调和。这种方法可以使色彩过渡自然，增强画面的层次感（如图 2-15）。

5. 连贯调和

连贯调和是指在对比强烈的多种色彩中，利用某一色彩勾画边线，将对比的色彩贯穿起来，使对比色保持一定的间隔，所获得的调和配色效果。这种方法减轻了色彩的冲击感，加强了调和的效果（如图 2-16）。

图 2-15　渐变调和　　　　　　　　　图 2-16　连贯调和

三、服装配色方法

服装配色不仅仅是上装和下装的搭配，还包括服装与服饰配件的搭配，如服装与鞋帽、围巾、腰带、首饰、包、手套、围巾等的搭配。服装配色是一个涉及色彩搭配技巧与原则的综合性话题。

（一）服装配色原则

1. 色彩数量控制

一般来说，从头到脚的服装色彩搭配不宜超过三种颜色，以避免显得杂乱无章，在这三种颜色中要确定主色的主体地位。

2. 色彩对比与调和

（1）对比色搭配　如红色与绿色、黄色与紫色等，能够产生强烈的视觉冲击力，但需注意面积比例和明度、纯度的调整，以免过于刺眼。

（2）调和色搭配　通过同一色相、邻近色或类似色的搭配，实现色彩的和谐统一，给人以舒适感。

（二）服装配色技巧

1. 同色系或邻近色搭配

选择同一色系或相邻近色系的颜色进行搭配，能够保持整体色彩的统一和协调，适合穿搭新手或追求简约风格的人群。例如，浅蓝色上衣搭配深蓝色裤子，或驼色系外套搭配米色内搭（如图2-17）。

2. 黑白灰经典搭配

黑白灰作为无彩色系，与任何颜色都能形成良好搭配，适合喜欢安静沉稳、清冷感觉的人群。例如，深灰色解构廓形外套搭配黑色内搭、黑色面罩和白色立体包袋，创意十足，给人带来别具一格的视觉效果（如图2-18）。

图 2-17　邻近色搭配

图 2-18　黑白灰搭配（崔荣嘉作品）

3. 上浅下深或上深下浅

上浅下深的搭配方式能够显得活泼生动（如图2-19），而上深下浅则能显得端庄稳重（如

图 2-20）。根据个人气质和场合需求选择合适的搭配方式，突出某一部分。当想要突出上衣时，可以选择颜色稍深的裤装作为衬托。例如，亮色上衣搭配深色裤子，将视觉焦点集中在上半身。

4. 图案与纯色搭配

有图案的上衣应搭配纯色下装，以避免整体过于复杂。反之，如果上衣颜色较为单一，可以选择带有图案或花色的下装来增加亮点（如图 2-21）。

5. 色彩呼应

在服装搭配中，可以通过色彩呼应来增强整体感。例如，鞋子或包的颜色可以与上衣或下装的某个颜色相呼应，形成统一的整体效果（如图 2-22）。

图 2-19　上浅下深搭配

图 2-20　上深下浅搭配

图 2-21　图案与纯色搭配

图 2-22　包与服装的颜色呼应

（三）服装配色的注意事项

1. 肤色与色彩搭配

不同肤色的人群适合不同的色彩搭配方式。例如，暖色调肤色的人适合穿暖色系服装，而冷色调肤色的人则更适合穿冷色系服装（如图 2-23、图 2-24）。

图 2-23　暖色系服装　　　　　　　　　　　　　图 2-24　冷色系服装

2. 场合与色彩搭配

不同的场合需要不同的色彩搭配方式。例如，正式场合应选择较为沉稳、低调的色彩搭配方式，而休闲场合则可以更加随意、活泼一些。

3. 个人风格与色彩搭配

色彩搭配方式还应考虑个人的风格和喜好。只有符合自己风格和喜好的搭配方式才能穿出自信和魅力。

服装配色方法是一个需要综合考虑多个因素的过程。通过掌握基础配色原则、具体配色技巧以及注意事项等方面的知识，可以更好地进行服装色彩搭配设计。

第二节　服装材料设计

服装材料，简称"质"，是服装呈现的物质载体，指制作服装所选用的所有材料。服装材料是服装色彩与款式的载体，在服装设计中，服装色彩设计和服装款式设计通过服装材料体现出来。服装设计师要根据不同的消费群体去选择合适的服装材料，不同的服装材料具有不同的特性和质感，如棉面料透气舒适亲肤，毛呢面料保暖挺括吸湿等。

一、服装材料分类

一般情况下，服装材料分为服装面料和服装辅料两大类（如图 2-25）。

服装材料是由纺织纤维加捻形成纱线，再由纱线经过梭织或者针织制作而成的面料。由于构成服装材料的原料不同，常见的服装材料又分为天然材料、半合成材料、化纤材料。

（一）天然材料

天然材料是指由天然纤维经纺纱织布而成的服装面料，主要有棉、麻、毛、丝等（如图 2-26）。

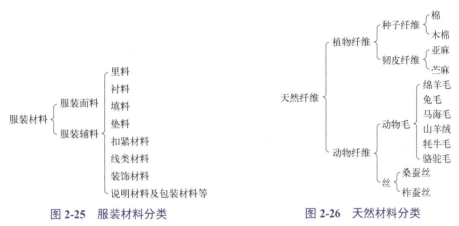

图 2-25　服装材料分类　　　　　图 2-26　天然材料分类

（二）半合成材料

半合成材料是指由天然纤维经过化学改性而成的纤维，也可以称为再生纤维（如图 2-27）。

（三）化纤材料

化纤材料是指通过化学或物理方法，以天然高分子化合物（如纤维素、蛋白质）或人工合成的高分子化合物（如石油、煤、天然气等原料合成的聚合物）为原料，经过制备纺丝原液、纺丝和后处理等工序制得的具有纺织性能的纤维（如图 2-28）。

图 2-27　半合成材料分类　　　　　图 2-28　化纤材料分类

二、常用服装材料的特征

（一）棉织物

棉布是最常见的面料之一，以其柔软、透气和吸湿性著称。它适合制作各种类型的服装，尤其适合夏季穿着。但棉布容易缩水、起皱，需要时常熨烫。

棉织物的主要特征是：吸湿性强；穿着舒适，光泽柔和，经济耐用；手感柔软，但弹性较差，经防皱免烫整理后可提高抗皱性和服装保形性；耐碱不耐酸，经过丝光处理棉的光泽增加，强度提高；不易虫蛀，易发生霉烂变质，保管时注意防潮。常见的棉织物种类有平布、府绸、泡泡纱、巴厘纱、华达呢、棉平绒、条绒（灯芯绒）、绒布等（如图 2-29 ～图 2-32）。

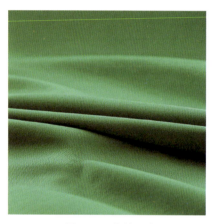

图 2-29　全棉平布

图 2-30　棉府绸

图 2-31　全棉平布衬衫

图 2-32　轻透棉府绸

（二）麻布

麻布具有良好的透气性和吸湿性，常用于制作夏装和西装外套。它的质地轻盈，手感凉爽，但容易产生褶皱。麻织物的主要特征：天然纤维中麻的强度最高，质地坚牢耐用；吸湿性能极好，导热性能较好，麻布衣料在夏季干爽、利汗、舒适；具有防霉防蛀性能；注意用冷水洗涤，不要刷洗。染色性能一般，染色麻布具有独特的色调和外观风格，具有自然淳朴的美感。常见的麻织物种类有纯麻细纺、夏布、纯麻靛蓝劳动布、帆布风格的起绒织物、涤麻织物、棉麻混纺布、交织麻织物等（如图 2-33、图 2-34）。

图 2-33 亚麻棉混纺

图 2-34 亚麻竹节纱

（三）羊毛

羊毛面料保暖性强，适合冬季穿着。它具有良好的弹性，可以制作成各种款式的服装。羊毛面料不易变形，但洗涤时需要注意方法，避免缩水。

纯毛织物光泽柔和自然，手感柔软富有弹性，穿着美观舒适，为高中档服装面料；与棉、麻、丝等天然纤维织物相比，具有较好的弹性、抗折皱性，熨烫后具有较好成型和服装保形性；羊毛不易导热，吸湿性也好，因此表面毛绒丰满厚实的粗纺毛织物具有较好的保暖性，是春秋冬季理想的服装面料。合成纤维与毛混纺织物，可提高其坚牢度和挺括性，黏胶纤维、棉与毛混纺可降低成本。精纺毛织物有华达呢、哔叽呢、中厚花呢（牙签呢）、礼服呢（直贡呢）、轻松毛织物等。粗纺毛织物有麦而登、粗纺大衣呢、法兰绒、粗花呢等（如图 2-35、图 2-36）。

图 2-35 粗花呢

图 2-36 华达呢大衣

（四）丝

丝以其光滑、柔软和光泽感闻名，常用于制作高档衣物和配件。

丝织物分桑蚕丝和柞蚕丝两大类。桑蚕丝面料细腻，光泽柔和明亮，手感滑爽柔软，高雅华贵。柞蚕丝色黄光暗，外观较粗糙，手感柔而欠爽，带涩滞感，坚牢耐用，价格便宜，为中档服装材料。丝织物较棉、毛织物耐热性好，熨烫温度不要太高，要垫湿布，避免喷水，防止出现水渍。它具有良好的吸湿性和透气性，但耐光度比较差，适合用中性洗涤剂柔和洗涤。常见的丝织物种类有绫、罗、绸、缎、锦、绡、绢、纱等（如图2-37、图2-38）。

图2-37 真丝素绉缎

图2-38 真丝半裙

（五）涤纶

涤纶是一种人造纤维，质地柔软，手感类似于天然纤维。它常用于制作夏装和休闲装，具有优良的抗皱性和保形性。但涤纶的吸湿性较差，透气性也不如天然纤维。

涤纶织物有较高强度和弹性，不仅耐用且挺括抗皱，吸湿性小，易洗快干免烫，湿后强度不下降，不变形，但是通透性差，穿着闷热，易起静电而吸尘，抗熔性差，穿着中遇烟灰、火星会熔洞。常见的涤纶织物种类有涤纶仿丝绸织物、涤纶仿毛织物、涤纶仿麻织物、涤纶混纺织物等（如图2-39、图2-40）。

图2-39 有光涤纶高捻

图2-40 醋酸纤维和涤纶混纺

（六）锦纶

锦纶（尼龙）是一种合成纤维，具有优良的耐磨性和弹性。它常用于制作运动服、泳衣和户外装备（如图 2-41、图 2-42）。尼龙面料的缺点是吸湿性较差，容易产生静电。

锦纶织物的主要特征是耐磨性非常强。在化纤材料中，锦纶吸湿性较好，穿着舒适性较好，弹性恢复性好；但是耐热性、耐光性较差。除丙纶外，锦纶织物最轻，作为登山服、运动服、冬季服装面料颇为轻便。常见的锦纶织物种类有塔夫绸、锦纶针织物等。

图 2-41　锦纶高捻运动上衣

图 2-42　锦纶泳衣

（七）腈纶

腈纶（合成羊毛）特有的弹性和蓬松性为服装业提供了物美价廉的仿毛衣料和羊毛混纺织物。腈纶膨体针织绒线及纯腈或毛腈编织线都是针织服装的主要面料。

腈纶织物的主要特征是耐光性强，染色性好，耐热性、耐化学品性能好；但是吸湿性差，有闷热感，耐磨性差、易起球。常见的腈纶织物种类有腈纶纯纺织物、腈纶混纺织物、腈纶仿毛皮等（如图 2-43）。

（八）氨纶

氨纶（莱卡）有很高的弹性，氨纶弹力织物一般弹性在 15% ~ 45%。氨纶弹力织物能够把曲线美与舒适性融为一体，广泛用于各类服装，是目前国际市场上最流行的面料之一。织物中氨纶多以包芯纱形式存在，包覆材料可以是棉、毛、丝、麻及化学纤维，其外观、吸湿性、透气性均接近各种天然纤维同类品种（如图 2-44）。

（九）皮革

皮革是一种经过鞣制而成的动物毛皮面料。它多用以制作时装、冬装，轻盈保暖，雍容华贵。但皮革价格昂贵，储藏、护理方面要求较高（如图 2-45 ~ 图 2-47）。

图 2-43　腈纶混纺毛衣

图 2-44　氨纶棉混纺

图 2-45　绵羊皮

图 2-46　牛皮纹

皮革时装（李孚娉作品）

图 2-47　皮革时装（李孚娉作品）

第三节　服装款式设计

　　服装款式，简称"型"，是服装的灵魂，指服装的外部轮廓造型和内部零部件的细节造型的不同形态。它是服装设计的重要因素，决定了服装的基本廓形和内部结构、分割以及细节造型。服装设计师通过款式设计来表达自己的审美和风格以满足消费者的需求。

一、服装的外部轮廓设计

　　外部轮廓在服装设计中扮演着至关重要的角色。它相当于服装款式的宏观构造或"大框架"。这一框架为服装定下了基调，决定了服装的基本形状和线条走向。服装常见的廓形有五种：A形、H形、O形、T形、X形。每一种都代表着不同的审美理念和穿着感受。每一种服装廓形表现在套装上的变化有上长下短、上短下长、上紧下松、上松下紧、内松外紧、内紧外松。如何达到上面的变化呢？首先，用服装面料的基本特性来表达，例如薄、漏、透、撑、垫、压、垂、飘等；其次，从服装的穿着方式上来表达，例如穿、戴、披、挂、裹、扣等；再次，利用服饰配件来表达，例如围巾、帽子、腰带、包、披肩、扣袢等；除此以外，还可以夸张局部细节，例如夸张的领子、袖口、口袋等。一个优秀的服装设计作品，必须要把握住服装的外部轮廓，在强调外部轮廓的基础上进行内部的细节设计（如图 2-48、图 2-49）。

T形廓形套装设计（杨才娣、郑少珍、张耀文作品）

图 2-48　T 形廓形套装设计（杨才娣、郑少珍、张耀文作品）

夸张局部细节
设计（梁聚佳、
张敏容作品）

图 2-49　夸张局部细节设计（梁聚佳、张敏容作品）

二、服装的内部轮廓设计

服装的内部轮廓分割是在廓形的基础上进行的，通过分割，可以改变服装的比例和外观，常见的分割有以下几种。

（一）纵向分割

纵向分割是指沿着服装的垂直方向进行的分割。它常被用来强调身材的曲线，或者通过不同面料、颜色的拼接来增加视觉上的变化（如图 2-50）。

（二）横向分割

横向分割是指沿着服装的水平方向进行的分割，常被用来强调腰部、胸部或臀部的线条。通过分割线的位置和数量来调整服装的比例，如提高或降低腰线以改变上下身的比例（如图 2-51）。

（三）斜向分割

斜向分割是指沿着与垂直线和水平线均不重合的斜线方向进行的倾斜分割，有左斜分割、右斜分割，平行分割及不平行分割。这种分割方式利用了斜线的推进、纵深和动感特性，使得服装在视觉上更加生动活泼。

横向分割和
曲线分割
（刘倩作品）

图 2-50　纵向分割和交叉分割（刘倩作品）　　图 2-51　横向分割和曲线分割（刘倩作品）

（四）曲线分割

曲线分割指根据人体曲线形态或款式要求，在服装的衣片上增加的结构缝。它包括几何曲线和自由曲线两种，前者如圆形、椭圆形、扇形、波浪等线条，后者则更为自由多变，能够更灵活地贴合人体曲线。

（五）交叉分割

交叉分割指两条或两条以上的线条在服装上进行交叉，从而将服装分割成多个几何图形。直线与直线的交叉形成锐利的角度，展现出简洁、硬朗的风格。曲线与曲线的交叉如圆弧线、波浪线等，能够赋予服装柔和、优雅的美感。直线与曲线的交叉结合两者的特点，创造出既有力量感又不失柔美的服装作品。

（六）非交叉分割

这是一种相对更为简洁、整体感更强的设计手法。虽然线条在视觉上形成交叉的错觉，但实际上并没有将服装分割成多个部分。通过褶皱和扭结等手法，在服装表面形成交叉的纹理或图案，但实际上并没有破坏服装的结构。或者利用立体裁剪，将面料在三维空间中进行塑形，从而在视觉上形成交叉的效果。

三、服装款式设计的局部变化

服装部件组合在服装设计中占据着重要的地位，它们就像是人体的关节，连接着服装的各个部分。衣领、衣袖、口袋等设计和组合，既要满足实用性，如口袋的大小和位置，衣领的高度和舒适度，又要与服装的整体风格相得益彰。一个设计巧妙的衣领，比如立领或翻领，可以为服装增添不少时尚感；而一个位置得当、大小适中的口袋，则能在不影响美观的前提下，提供便捷的储物空间（如图2-52）。

装饰点缀无疑是服装设计的"点睛之笔"。刺绣、图案、蕾丝等装饰元素，不仅能为服装增添独特的视觉焦点，还能为其注入个性和灵魂。比如，一抹精致的刺绣可以使一件普通的连衣裙焕发出古典的韵味；而一些巧妙的图案设计，则能让简单的T恤变得别具一格。这些装饰元素，虽然在服装上只占据一小部分，但它们的存在，往往能让整件服装焕发出与众不同的光彩。

服装部件灵活
组合（庄悦齐、
高梓恒作品）

除此之外，还有一些部位的设计可以丰富服装的款式变化，如腰部的设计（高腰、低腰、中腰、露腰设计）、底摆的设计（裙摆摆围的大小、裙子的多层变化）等。服装的款式设计在统一中求变化，在变化中求统一，要求做到在整体的统一时，寻找局部的变化，同时，局部的变化要服从于整体的变化（如图2-53）。服装的款式设计与变化，最终是围绕"人"进行设计，展现人与服装的整体美。

图2-52 服装部件灵活组合
（庄悦齐、高梓恒作品）

图2-53 变化中求统一的设计
（庄悦齐、高梓恒作品）

 **知识拓展**

新型服装面料

1. 可持续性面料

有机棉是以有机种植方式生产的棉花，无化学残留，亲肤柔软，对环境影响小。竹纤维、麻纤维属于天然纤维，具有环保、吸湿透气、抑菌抗菌等特点。采用生物基材料制成的生物降解面料，如玉米淀粉等，使用后可以迅速降解，减少对环境的污染。

2. 功能性面料

防水透气面料如戈尔特斯（Gore-Tex），利用特殊工艺使面料既能防水又能透气，适合户外运动服装。抗菌防臭面料采用银离子等抗菌技术，抑制细菌繁殖，保持衣物清洁卫生。抗皱抗磨面料通过特殊处理提高面料的抗皱性和耐磨性，使衣物更加耐穿。保温面料如远红外保温面料，能够吸收太阳能并转换为热量，提高服装的保暖性能。抗静电面料通过加入导电纤维或采用清水整理工艺，使面料具有导电性，不易吸灰，抗静电。

3. 智能面料

智能温控面料能根据外界温度变化自动调节衣物的温度，保持舒适。智能湿度控制面料可以感知人体的湿度变化，自动调节衣物的湿度，保持干爽。可穿戴智能设备面料将智能设备集成到服装中，实现远程监控、健康监测等功能。

4. 高科技面料

纳米纤维面料是以纳米技术为基础制成的超细纤维面料，轻薄、柔软、透气性好，同时具有抗菌、防水等性能。变色面料主要指能随光、热、液体、压力等的变化而变色的面料，用于特殊用途，如交通服、舞台装等。3D 打印面料可以根据设计师的创意进行个性化定制，为时尚产业带来更多的可能性。

 思考与练习

1. 选择一种特定的场合（如正式商务会议、休闲度假、时尚晚宴等），分析该场合对服装色彩、服装款式和服装材料的具体要求，并设计一套符合这些要求的服装。

2. 为一套基础款式的服装（如白色 T 恤 + 牛仔裤）设计三组不同的色彩搭配方案，每组方案需包含上衣、下装（或配饰）的颜色，并简述每组搭配所传达的风格或情感。

3. 为同一款服装（如简约连衣裙）进行设计，选择三种完全不同的材料（如棉、丝绸、合成纤维），分析每种材料对服装外观、触感、穿着舒适度以及保养方式的影响，并讨论哪种材料最适合该设计及其目标消费群体。

模块二

服装造型美感元素

第三章

服装廓形设计

 学习目标

▶▶ **知识目标**

了解服装基本廓形的分类和特点。

▶▶ **能力目标**

能够用不同服装基本廓形设计的方法进行服装设计。

▶▶ **素质目标**

引导学生分析和解决问题，提高学习兴趣，培养全局观。

北宋文学家苏轼在绘画理论中提出"形神兼备"的观点，他主张绘画应重在"传神"，通过"形"来表达"神"，使作品具有生动和传神的艺术魅力。在服装廓形设计中，"形"可以理解为服装的外部轮廓和整体造型，而"神"在服装廓形设计中，则可以理解为服装所传达的风格、氛围和内在精神。设计师在构思和设计服装廓形时，可以借鉴"形神兼备"的理念，注重服装的"形"与"神"的统一和协调，从而创造出更加具有艺术感染力和时尚魅力的服装作品。

第一节　服装廓形的概念和发展

一、服装廓形的概念

服装廓形是指服装整体的外部轮廓，即服装穿着在人体上之后所呈现的外部轮廓形态。它是服装款式造型的第一要素，决定了服装的整体风格和氛围。除了色彩之外，廓形是最能被人注意到的服装要素，其进入人的视觉的速度和强度都高于服装的局部细节部分。服装廓形

服装廓形的概念和发展

能够决定一件衣服的总体形象，是区别和描述服装的重要特征。它对于服装的整体造型和风格有着决定性的影响。服装廓形的变化往往引领着服装的流行趋势。设计师通过研究和把握廓形的变化规律，调整服装各部位的形状和比例来创造出不同的廓形，从而满足消费者的不同需求和审美偏好。

二、服装廓形的发展

服装廓形的发展是一个历史悠久且不断变化的过程，它随着时代、文化、审美以及社会背景的变迁而不断演变。

（一）早期发展

15 世纪以前，服装多呈现出平面式的造型，尚未进入"体"的塑造时期。15 世纪至 19 世纪末，服装开始摆脱平面造型，进入立体塑造阶段。廓形由最初的矩形逐渐演变为夸张式的"花瓶"形，腰和臀的对比达到了极端的程度。

（二）20 世纪以后的发展

进入 20 世纪，女装廓形变化更加频繁，且一般是十年一个流行周期。

在 1900 年代，紧身胸衣非常流行，女装廓形呈现为曲线形或沙漏形，强调纤细的腰部和浑圆的臀部。在维多利亚时代的影响下，女性服饰被赋予了更多的象征意义。紧身胸衣作为一种内衣，其塑形效果使得女性身体柔美、婀娜、有曲线。女装廓形形成了一种对比鲜明的曲线美（如图 3-1）。然而，这种对女性身体的束缚和塑造也引发了一些关于女性身体自由和舒适度的讨论。随着时间的推移，女性对于服饰的舒适性和实用性的需求逐渐凸显，这也为后来的女装设计带来了新的思考和变革。

到了 1910 年代，受第一次世界大战和女权运动的影响，束缚女性身体的紧身胸衣，逐渐退出了历史舞台。女性开始追求自然、健康的体态和更加自由、舒适的穿着体验。法国设计师波烈在这一时期创造出了蹒跚裙。这种裙子裙摆狭窄，使得穿着者行走时步履蹒跚，故而得名。蹒跚裙的流行也反映了女性对于服装审美的新追求，即不再仅仅强调身体的曲线，而是开始注重服装的设计感和独特性。随着时间的推移，蹒跚裙逐渐演变为可穿性更强的喇叭形裙子（如图 3-2）。喇叭形裙子的出现，既满足了女性对于时尚的追求，又符合服装功能性的需求。这一变化也体现了女装设计逐渐走向人性化、实用化的趋势。

1920 年代的女装也随着 Chanel（香奈儿）的出现发生了开创性的变化。这一时期的女性服装不再强调身体的曲线美，而是流行平胸、平臀、宽肩、低腰的廓形，追求一种更为宽松、舒适的穿着体验。这种廓形的设计使得女装呈现出一种中性、潇洒的气质，被称为"男孩子式"的新廓形。裙子长度通常刚及小腿，这样的长度既显得轻盈，也给予了女性更多的活动自由。这种风格被称为"直线剪裁"风格，由服装设计师 Chanel（香奈儿）创造（如图 3-3）。这种风格强调身体的直线条，与传统的女性化曲线剪裁形成鲜明对比。"直线剪裁"风格的服装特点是简洁、宽松，不强调胸部和臀部的曲线，而是通过宽肩和低腰的设计来展现一种新时代的独立女性形象。这种服装风格转变不仅体现在廓形上，还体现在服装的款式和图案上，简洁、素雅的花纹和不过分装饰的设计成为了主流。

图 3-1 1900 年代服饰

图 3-2 可穿性更强的喇叭形裙子

1930 年代正处于世界经济大萧条时期，然而，女装时尚仍然展现出一种坚韧和乐观的精神。实用的、多功能的穿着方式和时尚意识反映了新的生活方式，也体现了女性对美好生活的向往和追求。女装开始流行更柔和、更女性化的廓形。这种廓形强调女性的曲线美，与之前的"直线剪裁"形成鲜明对比。腰线回到了自然位置，使得整体造型更加贴合女性的身体线条，展现出优雅而温婉的气质。这一时期，历史上首次出现了裙子长度在一天中因时间不同而变化的情况。裙子可能会根据白天或晚上的不同场合进行调整，以适应各种社交活动。除了廓形和裙子长度的变化，1930 年代的女装还呈现出多样化的特点。例如，碟形小圆帽、宽肩女式衬衣和外套，以及过膝长裙和皮草大衣等（如图 3-4）。

图 3-3 直线剪裁设计

图 3-4 多样化的 1930 年代风格

1940 年代的服装呈现出前所未有的功能化。由于第二次世界大战的影响，军装外观的服装廓形逐渐成为时尚的主流。这种廓形通常具有硬朗、挺括的特点，与战时氛围相契合。男女服装都受到了军装风格的影响，呈现出一种统一、简洁而实用的美学。女性服装中，及膝裙成为了一种实用的选择。及膝裙的设计也符合当时的物资紧缺和实际需要，减少了布料的浪费，同时满足了女性对于时尚的追求。垫肩在这一时期变得流行，不仅能够增加肩部的宽度和挺括感，还使得整个上半身呈现出一种方形肩部的轮廓。这种设计不仅符合战时对于力量感和坚韧精神的追求，也在视觉上增强了穿着者的气场和自信心。军装外观的廓形、实用的及膝裙以及厚厚的垫肩都是这时期服装的典型特征和时尚风貌（如图3-5）。

在1950年代的战后时期，由克里斯汀·迪奥（Christian Dior）提出的一种极具影响力的女性时尚风格被称为"New Look"（新风貌）。这种女装廓形特点主要包括柔软的宽肩设计、强调细腰的胸衣造型，以及凸显丰满臀部的剪裁。这种风格不仅展现了女性的身体曲线，也体现了战后人们对和平、优雅与平和生活的向往，重新定义了战后女性的着装方式，树立了新的时尚标杆（如图3-6）。A字廓形在这一时期成为女装的主导，其优雅的线条和舒适的穿着感深受女性喜爱。

图 3-5　军装风格强调肩部廓形　　　　图 3-6　"New Look"廓形

除了A字廓形外，柔软的宽肩设计也是这一时期女装的重要特点之一。这种设计能够平衡女性的身材比例，使整体造型更和谐，而带有胸衣的细腰设计则更强调了女性的身材曲线，凸显了女性的婀娜多姿。从社会背景来看，1950年代的女装时尚也是女性地位逐渐提升的一种体现，这一时期的女装时尚，为后来的女装设计提供了丰富的灵感和借鉴。

1960年代的服装廓形呈现出多样化和反叛传统的特点。这一时期的时尚趋势与社会变革紧密相连，反映了年轻一代对于自由、个性和解放的追求。迷你裙成为这一时期的代表性服装，其长度大大短于以往，在大腿中上部，展现了青春与活力。这种款式打破了以往对于女性裙长的传统观念，是女性服饰的一次重大变革。1960年代的服装廓形在很大程度上延续了1950年代的A形趋势，但更加注重自然和舒适度。设计师们开始尝试无腰身或斗篷状的设计（如图3-7），不刻意彰显女性的身体曲线，这与1950年代强调女性曲线的风格形成鲜明对比。

1960 年代的服装色彩鲜艳且大胆，嫩黄色、果绿色、红色和粉色等高纯度色彩成为主流。剪裁方面，设计师们倾向于创作无拘无束的款式，如直筒、宽松的外套和连衣裙，以及不分性别的服装，如长袖衬衣和牛仔装等。嬉皮士风格在年轻人中尤为流行，这种风格的服饰包括五颜六色的土耳其长袍、阿富汗外套以及具有异域风情的印花图案衣服等。这种风格体现了年轻人对于传统审美的反叛以及对自由生活的向往（如图 3-8）。

图 3-7　斗篷式设计

图 3-8　青春与活力的廓形

　　1970 年代的服装廓形多样且富有个性，反映了当时社会的自由氛围和时尚观念的变革。服装廓形整体呈现为更加轻松和修长的特点。例如，采用浪漫的飘逸面料，以及喇叭裤等设计元素，都体现了这一特点。喇叭裤是 70 年代非常流行的裤型，其特点是从膝盖或大腿处开始逐渐加宽，形成喇叭状（如图 3-9）。女性的着装在这一时期变得极为多样化和个性化。迷你裙、超短裙、长裙等多种长度的裙子并存，同时，服装的色彩也变得更为丰富和鲜艳。迪斯科文化的盛行对服装廓形产生了深远影响。宽松、舒适且带有一定运动感的服装成为潮流，如宽腿裤、运动夹克等。此外，休闲西装也逐渐流行起来。70 年代还出现了一种中性的时尚趋势，即男女服装在款式和廓形上的界限逐渐模糊。例如，女士开始尝试穿着宽松西装、衬衫等服装款式，展现出一种中性的魅力。1970 年代的服装廓形以轻松修长，喇叭裤流行，女装多样化与个性化，嬉皮士、迪斯科和休闲风格影响，以及中性时尚趋势为特点（如图 3-10）。

　　1980 年代的服装廓形特点鲜明，反映了当时的时尚潮流和社会文化。80 年代的女装中，大垫肩设计非常流行，这种设计使得女装呈现出一种强势和力量感（如图 3-11）。受到迪斯科音乐和夜生活文化的影响，80 年代的服装风格中常见夸张的配饰，如量感的耳环、手镯等。此外，华丽的服装风格也备受追捧，如亮片装饰、大胆的图案和鲜艳的色彩等。尽管 80 年代的服装风格多样，但设计感和简约风格仍然占据一席之地。设计师们通过在服装上运用巧妙的剪裁、独特的细节设计以及大色块来突出时尚感，同时保持整体造型的简约大方。在崇尚夸张和过度创作的 80 年代，中性美式极简主义成为了一股清流。它们的设计注重线条的流畅性和剪裁的精准性，展现出一种简约而不简单的美感（如图 3-12）。1980 年代的服装廓形以大垫肩与军装风格、夸张的配饰与华丽的风格、设计感与简约风格的并存、经典款式的回归与创新以及中性美式极简主义为特点。

图 3-9　喇叭裤

图 3-10　1970 年代休闲西装

图 3-11　大垫肩西装

图 3-12　极简风格

　　1990 年代至 2000 年（千禧年），服装廓形呈现出多样化的特点，这一时期人们更加注重个性化和自我表达。在 90 年代，人们乐于展现自己的身材，因此紧身和修身的服装廓形非常流行。这类服装能够凸显出穿着者的身体曲线，如紧身衫、紧身裙、吊带裙等，都是当时常见的款式。虽然修身款式受欢迎，但宽松舒适的服装廓形也有其一席之地，例如，T 恤衫、休闲装等，这些款式注重穿着的舒适度和自由度。90 年代的人们会将不同风格、材质和色彩的服装及各种配饰进行搭配，讲究层次感（如图 3-13）。尽管这 10 年间服装的款式多变，但简约实用的服装廓形仍备受推崇。这类服装以简洁的线条和实用的设计为主，如单排扣或双排扣西服及风衣等，既符合职场穿着的规范性，又能展现穿着者的专业形象（如图3-14）。此外，返璞归真的潮流也使得蝙蝠衫等仿生服装以及各式生态服饰成为当时的流行款式。

　　2000年作为世纪的转折点，服装廓形趋向于多元化和个性化的结合，既有对身材的极致展现，也有对舒适度和自由度的追求，更不乏时尚感和创新性的体现。2000年受1990年代末服装风格的影响，如闪亮材质和透视元素等，这些元素促成了Y2K（千禧风）的形成，其特点包括使用高饱和度色彩元素、科技感等设计核心。最初Y2K代表计算机缺陷出现的"千年虫"问题，人们担心千禧年到来后计算机会把1999年12月31日之后的世界格式化，退回到1900年。Y2K最初象征科技危机，也代表了对虚幻未来的期待与向往。PVC、金属和反光材料等常被用于制作这种风格的服装，使得整体造型具有一种前卫和未来感（如图3-15）。在2000年代初期的时尚界，Logo狂热统治了一切。例如，Dior的比基尼上有着其标志性的字母图案；博伯利（Burberry）在几乎所有可以印上格纹的物品上都用了格纹图案；Gucci的双G装饰在腰带扣上。同时现象级包款潮流风靡，特点是手提包成为整套服装的焦点。代表款式如芬迪（Fendi）的法棍包、巴黎世家（Balenciaga）的机车包、蔻依（Chloé）的帕丁顿包、迪奥（Dior）的马鞍包，以及路易威登（Louis Vuitton）与艺术家合作的涂鸦系列、笑脸花和樱桃系列等。

图3-13　个性化的混搭效果　　图3-14　简约实用的服装廓形　　图3-15　Y2K（千禧风）

（三）现代服装廓形的发展与创新

1. 多样性与个性化的追求

　　在当代社会，随着人们审美观念的多样化，服装廓形也呈现出前所未有的多样性。设计师们不再局限于传统的廓形分类，而是勇于尝试和创新，打造出各具特色的服装廓形（如图 3-16）。这种多样性不仅体现在不同品牌、不同设计师的作品中，也体现在同一设计师的不同系列中。

2. 科技对廓形设计的影响

科技的进步为服装设计带来了无限可能。在廓形设计上，3D 打印、虚拟现实（VR）和增强现实（AR）等技术被广泛应用于设计、试穿和展示环节。如代表未来主义风格的 Y3K 廓形，Y3K 是 "Year 3000" 的缩写，代表人们对 30 世纪的幻想。Y3K 美学融合了人工智能、虚拟现实甚至元宇宙元素，更具有超越时代的前瞻性和想象力（如图 3-17）。

图 3-16　新中式服饰廓形

图 3-17　Y3K 服装廓形

服装廓形的发展是一个不断创新和演变的过程。展望未来，服装廓形设计将继续向多元化、个性化、可持续性和科技化方向发展。

第二节　服装廓形的分类

服装廓形一般分为三种：字母形廓形、几何形廓形、物象形廓形。

一、字母形廓形

字母形廓形是指服装廓形酷似英文字母的廓形，如常见的 A 形、H 形、X 形、T 形、O 形等（如图 3-18）。此外，还有 Y 形、V 形、S 形等其他按字母形状分类的廓形。

A形　　　　　　H形　　　　　　X形　　　　　　T形

图 **3-18**　字母形廓形表示法

（一）A形

1947年，由迪奥（Dior）首次推出这种造型的时装，强调胸部，收腰配A字裙的"新风貌"至今仍被誉为"世纪经典之作"。A形设计在服装中指的是一种特定的廓形风格，其特点在于上半部分贴身或稍微宽松，而下半部分则逐渐展开，整体造型像大写字母A，呈现出宽大的形态。这种设计在女装中尤为常见，特别是大衣、风衣和连衣裙等款式。

关于A形特点，可以从以下两个方面来理解：

① 不收腰、宽下摆。这类服装在腰部并不进行特别的收紧设计，而是让布料自然垂下，下摆部分则设计得较为宽大，形成类似A形的轮廓。这样的剪裁能够掩盖腰腹部的线条，对于想要遮盖身材不足的人来说是很好的选择，给人一种自由、宽松的感觉，适合喜欢休闲、舒适风格的人群（如图3-19）。

② 收腰、宽下摆。与不收腰的设计相比，这类服装在腰部有明显的收紧设计，以凸显腰部线条，但下摆部分同样宽大。这种设计既展现了穿着者的腰部曲线，又通过宽大的下摆营造出一种优雅而浪漫的风格。它适合那些希望展现身材曲线，同时又不失优雅风度的人群（如图3-20）。

图 **3-19**　不收腰、宽下摆A形　　　　　　图 **3-20**　收腰、宽下摆A形

A形设计的服装无论是不收腰还是收腰的设计，都在视觉上形成了一种上小下大的效果，这种设计不仅时尚，还具有一定的修饰身材的效果。对于身材较瘦削的人来说，它可以增加下半身的视觉宽度，使身材看起来更加匀称；对于身材较丰满的人来说，宽松的下摆可以遮盖腰部和臀部的赘肉，起到显瘦的效果（如图3-21）。

图 3-21　A 形廓形服装

（二）H形

H形主要特点是廓形呈现出不收腰、窄下摆的形态，整体衣身呈现出直筒状。这种廓形风格具有简洁、利落的特点，给人一种现代、时尚且干练的感觉。

① 简洁大方。H形设计的线条流畅，没有过多的装饰和细节，使得整体造型看起来非常简洁，符合现代审美趋势（如图3-22）。

② 修饰身材。由于H形设计的衣身呈直筒状，它能够在视觉上拉长身材比例，使人看起来更加修长。同时，不收腰的设计也能够很好地修饰腰部线条，对于腰部不够纤细的人来说非常友好（如图3-23）。

③ 搭配灵活。H形服装廓形通常具有较好的百搭性，可以与多种风格的服饰进行搭配，如紧身裤、宽松裤、裙子等，轻松打造出不同的时尚造型。此廓形既适合日常穿着，也适用于一些正式场合，如商务会议、晚宴等（如图3-24）。

然而，H形廓形也存在一定的局限性，那些希望强调腰部线条或展现曲线美的人可能不会选择H形。此外，H形设计在视觉上可能显得较为硬朗，缺乏柔美的线条感。

图 3-22　H 形　　　　　　　　　图 3-23　H 形套装

图 3-24　简洁大方的 H 形廓形

(三) X 形

　　X 形服装以宽肩、阔摆、收腰为基本特征，展现出女性优雅的身材曲线，具有古典的浪漫主义风格。X 形廓形服装的设计重点在于肩部的宽度、腰部的收紧以及裙摆的宽阔。设计师们通常会在肩部加入垫肩、泡泡袖等元素，加宽肩部线条，赋予穿着者强大的气场。同时，腰部设计则非常贴身，以凸显女性的纤细腰身。而宽阔的裙摆设计，不仅平衡了宽肩的视觉效果，而且使穿着者更显浪漫与飘逸，整个造型呈优雅的 X 形轮廓（如图 3-25、

图 3-26）。X 形廓形服装在时尚搭配上具有高度的灵活性。如搭配简约的高跟鞋和精致的饰品，可以营造出一种高贵而优雅的晚宴造型（如图 3-27）。X 形在服装中存在形式多样化，能满足时尚而富有创意的穿搭（如图 3-28）。

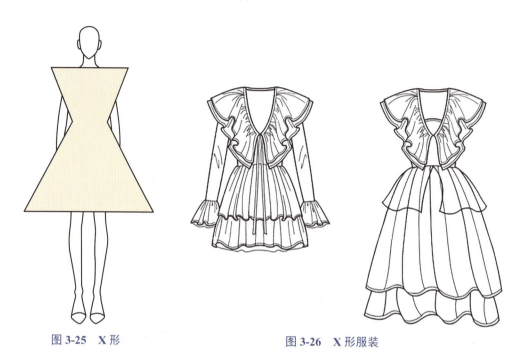

图 3-25　X 形　　　　　　　　　　　图 3-26　X 形服装

图 3-27　宽肩、阔摆、收腰的 X 形廓形

图 3-28　不同形式的 X 形廓形

（四）T 形

　　T 形服装最显著的特点就是其夸张的肩部和收缩的下摆。设计师通过加宽肩部设计，如使用垫肩、荷叶边、泡泡袖等元素，使得肩部线条在视觉上得到延伸和扩张。这种肩部设计让穿着者的身材显得更加挺拔和宽阔，散发出一种力量感和权威感。同时，收缩的局部下摆则展现出穿着者的曲线，增添女性的柔美。这种刚柔并济的设计风格，使 T 形廓形服装在视

觉上极具冲击力，给人留下深刻的印象（如图 3-29、图 3-30）。T 形服装在时尚搭配方面具有极高的可塑性。它可以与各种裤装、裙装进行搭配，打造出不同的风格。如带垫肩的西装搭配同色系直筒裙及高跟鞋，可以营造出一种干练而利落的职场风格（如图 3-31）；而肩部带立体装饰的 T 形超短款上衣搭配长裙，则能展现出一种富有个性和强势的女性气质（如图 3-32）。

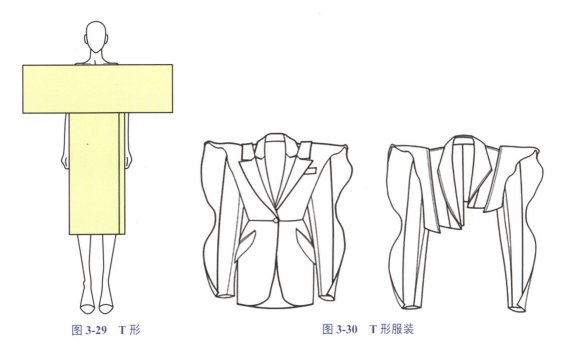

图 3-29　T 形　　　　　　　　　　　　　图 3-30　T 形服装

图 3-31　T 形西装套装　　　　图 3-32　T 形廓形创意装（廖子琼、王若彤作品）

（五）O形

O形服装最为显著的特点就是其圆润、丰满的造型。这种设计风格通常体现在宽松的剪裁和流畅的线条上，使得穿着者在视觉上呈现出一种圆润的O形轮廓。这种轮廓不仅能够有效地修饰身材，还能给人一种轻盈、自由的感觉（如图3-33、图3-34）。

图3-33　O形　　　　　　　　　图3-34　O形服装

O形设计在胸部和腰部呈现出较为宽松的特点，这种宽松的设计不仅提供了穿着的舒适度，还赋予人休闲和轻松的感觉。与此同时，肩部和下摆部分则相对收紧，这样的设计使得服装在保持宽松舒适的同时，又不会显得过于松垮，维持了一定的造型感。

虽然O形服装以休闲和舒适为主，但这并不意味着它与时尚无关。O形服装搭配的要点是手臂和腿部要尽量显得修长，与衣身部分的圆润形成强烈对比，能够展现出时尚感。通过运用鲜艳的色彩、有趣的图案或者别致的配饰，也可以让O形服装焕发出完全不同的时尚气息。此外，一些设计师还会在服装的款式和细节上进行创新，做一些夸张造型，如加入不对称设计、拼接元素等，充满幽默而时髦的气息，使其更加符合当代人的审美需求（如图3-35、图3-36）。

二、几何形廓形

① 椭圆形廓形的服装在腰部、胸部和臀部都相对宽松，通常呈现出柔和、流畅的线条，整体呈现出圆润的形态。这一廓形和字母形O形相似。

② 长方形廓形的服装设计简洁、大方，呈现出一种直线条的美感。这种廓形常用于设计大衣、风衣等外套，能够显得人身材修长、挺拔。这一廓形和字母形H形相似。

时尚舒适的 O 形服装（廖子琼、王若彤作品）

图 3-35　时尚舒适的 O 形服装（廖子琼、王若彤作品）　　　图 3-36　O 形廓形日常装

③ 正方形廓形的服装上下宽度基本一致，给人一种稳重、端庄的感觉。这种廓形适合设计一些正式场合穿着的服装，如西装、套装等。

④ 正三角形廓形外观效果和 A 形类似，倒三角形服装廓形和字母形 T 形形似。

⑤ 梯形廓形的服装上半部分较窄，下半部分逐渐加宽，给人一种稳定而又不失动感的效果。这种廓形常用于设计裙装或连衣裙等。外观效果和字母形 A 形类似。

这些几何形状的分类更侧重于描述服装的整体轮廓和线条走向，有助于设计师和消费者更好地理解和选择适合的服装款式。同时，这些分类也为服装的定制和个性化设计提供了参考依据。

三、物象形廓形

物象形廓形将服装的廓形与日常生活中的物体形状相联系，也叫自然形廓形。如沙漏形、钟形、鹅蛋形、磁铁形、帐篷形、陀螺形、圆桶形、花朵形、喇叭形、酒瓶形等（如图 3-37）。以下是一些常见的物象形服装廓形：

① 沙漏形廓形灵感来源于沙漏的形状，它强调腰部的纤细，同时突出胸部和臀部的丰满，创造出一种优雅的曲线美。这种廓形常用于晚礼服或女性化的服装设计中。

② 钟形廓形模仿了钟的形状，通常表现为上窄下宽的设计。它在服装中常用于裙摆的设计，使得裙摆逐渐展开，呈现出优雅而浪漫的效果。

③ 花朵形廓形灵感来源于待放的花苞，它呈现出一种圆润而紧凑的造型。这种廓形常用于女性化的服装设计中，展现出甜美而可爱的风格（图 3-38）。

④ 喇叭形廓形表现为上窄下宽，逐渐展开的形状，类似于喇叭的造型。这种廓形常用于裙装或裤装的设计中，使得服装呈现出一种夸张的视觉效果（如图 3-39）。

(a) 半鹅蛋形　　　　(b) 郁金香形　　　　(c) 美人鱼形　　　　(d) 沙漏形

图 3-37　常见物象形廓形

图 3-38　沙漏形 + 花朵形组合

图 3-39　喇叭形上衣廓形

第三节　服装廓形的设计方法

一、服装廓形变化的关键部位

服装廓形变化的关键部位主要涉及以下几个方面（如图 3-40）：

（一）肩部

肩部的宽度和设计对服装的整体廓形有显著影响。肩线的位置、肩的宽度、形状的变化会对服装的造型产生影响。例如，在 T 形廓形中，肩部设计通常稍宽，形成上宽下窄的视觉效果。而在 H 形廓形中，肩部设计则更为平直（如图 3-41）。

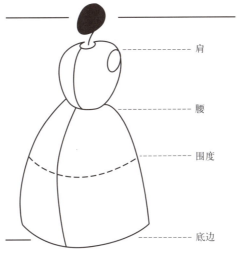

图 3-40　影响服装廓形变化的关键部位

图 3-41　T 形廓形夸张的肩部和 H 形廓形平直的肩部

（二）腰部

腰部的收紧或放松是形成不同服装廓形的关键因素之一。腰线高低位置的变化，形成高腰式、正腰式、低腰式。例如，在 X 形廓形中，腰部通常被收紧以突出身材曲线。而在 H 形或 A 形廓形中，腰部则放松，呈现出直筒或上窄下宽的形态（如图 3-42）。

图 3-42　宽松的腰部设计和收紧的腰部设计

（三）臀部

臀部的设计也会影响服装的廓形。在一些廓形中，如 X 形或沙漏形中，臀部的设计会与腰部形成对比，以突出身材的曲线美。而在 H 形或 A 形中，臀部的设计则相对较为宽松。

（四）围度

服装围度变化对服装廓形的影响非常关键，围度设置是服装与人体之间横向空间量的问题。不同的围度形成不同的服装外部轮廓效果。

（五）底边

底边的宽度和设计也是影响服装廓形的重要因素之一。底边，在上衣和裙装中通常叫底摆或者下摆，在裤装中通常叫脚口。摆是服装长度变化的关键参数，也是服装外形变化的敏感部位。例如，在 A 形廓形中，底边通常会逐渐放宽，形成一种上窄下宽的视觉效果。而在 H 形或 O 形廓形中，底边的设计则相对较为收敛（如图 3-43）。

图 3-43　底边打开或是收紧形成不同的廓形

二、服装廓形设计方法分类

服装廓形的设计方法主要有三种：几何造型法、原型移位法、直接造型法。

（一）几何造型法

运用现代平面构成中的增加、减少、覆盖、减缺、透叠等原理，经过基本形、可塑形、固定形 3 个步骤逐步完成，达到较理想的服装廓形。

步骤 1：基本形的产生。

根据人体构造，画出多种不同的几何形块面，把它作为廓形设计的基本形。这些形状具有简洁明了的线条和轮廓，便于后续的塑形和调整。在这一阶段，设计师需要明确服装的整体风格和定位，以便选择合适的基本形（如图3-44）。

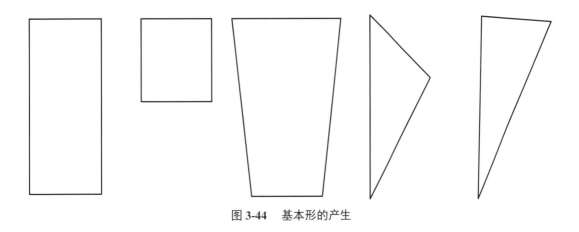

图 3-44　基本形的产生

步骤 2：可塑形的组合。

将基本形与基本形构成可塑形，使之达到款式造型的初步形象。在确定了基本形之后，开始运用平面构成中的增加、减少、覆盖、减缺、透叠等原理对基本形进行塑造。这些手法在保持整体协调性的同时，增加服装的层次感和视觉效果。例如，通过"增加"手法，可以在服装的某些部位添加装饰性或功能性的元素；通过"减少"手法，可以创造出镂空或剪裁的效果，增加服装的透气性和时尚感（如图3-45）。

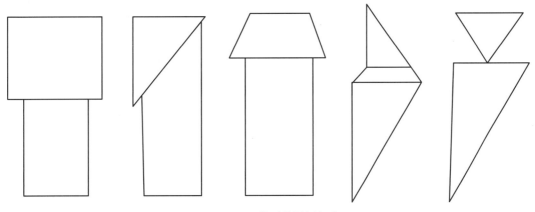

图 3-45　可塑形的灵活组合

步骤 3：固定形的构成。

固定形是款式廓形的最后阶段，它直接体现了服装款式造型的整体效果。经过上一阶段的塑形后，需要对服装廓形进行最终的调整和确定。这一阶段的目标是确保服装的廓形既符合设计理念，又能满足穿着者的舒适度和实用性需求（如图3-46）。

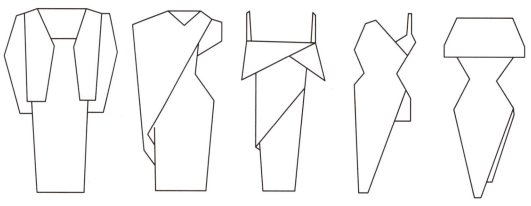

图 3-46　固定形的构成

（二）原型移位法

　　原型移位法，也称为廓形变体法，是指确定原型服装或标准人体的关键部位，然后根据设计意图进行部分或全部空间位移的方法。这包括上下移动（如提高或降低腰线）、左右移动（如调整肩宽）、前后移动（如改变胸省的位置）和关键部位松量的加放，也可以在移动过程中叠加其他创意元素，移动后的轨迹即构成新设计的服装廓形（如图3-47、图3-48）。

图 3-47　原型移位法设计字母形廓形服装（何语晴作品）

图 3-48　以花朵为元素设计的自然形廓形（何语晴作品）

　　根据服装照片得到基本的服装廓形，此服装可作为原型移位的基础廓形图，在此基础上进行细节的增加和删减（如图 3-49、图 3-50）。

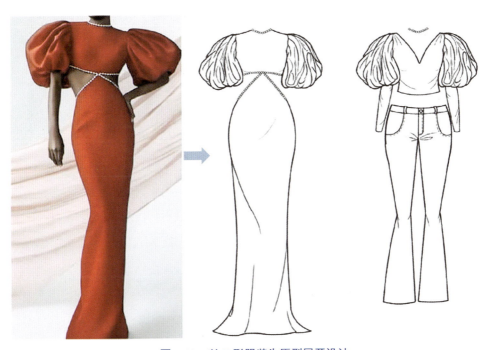

图 3-49　以 T 形服装为原型展开设计

图 3-50　以 X 形服装为原型展开设计

　　以廓形为原型，加以联想、展开想象，获得全新的服装廓形形象。

　　① 原形廓形选择。选择一个或几个基本的服装廓形作为设计的基础。

　　② 联想与想象。文化元素联想：通过融合多元文化服饰特色，将东方文化元素如中国传统山水画、书法艺术与传统服装形制建立关联，例如将水墨意蕴与汉服的交领右衽、宽衣博带等特征进行创意联结。

　　③ 全新廓形形象设计。文化元素联想具体拓展为：以"上善若水"为主题，结合山水画及书法图案等，设计交领、修身且裙摆宽大的 A 形裙装，融合传统扎染工艺细节元素，展现女性的婉约与典雅（如图 3-51、图 3-52）。通过上述的联想和想象，进行 A 形廓形设计，进而创作出全新的服装廓形形象。

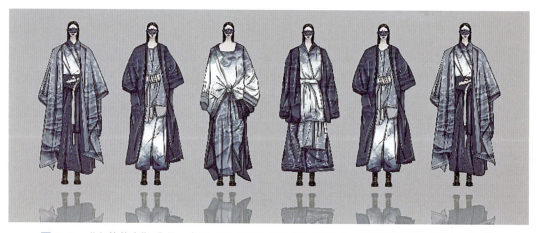

图 3-51　"上善若水"盛世·中国"池上锦"杯中国汉服设计大赛铜奖作品　（林洸余作品）

（三）直接造型法

　　直接造型法是一种在服装设计过程中常用的方法，特别是在立体裁剪中。首先，设计师需要选择合适的布料和标准人台。接下来，将布料平滑地披人台上，根据设计构思开始初步塑造服装的基本形状。根据设计要求，开始创造新的服装廓形。设计师可以通过捏褶、折叠、拉伸等手法，直接在布料上进行操作，调整服装的线条、比例和体积，创造出初步的服装造型。在初步造型完成后，设计师需要对服装进行细致的调整。这可能包括修改领口、袖口、下摆等部位的形状，以及调整整体服装的平衡和协调性。为达到满意的效果，设计师会使用大头针或其他工具将布料固定在模型上，以保持所创造的廓形。随后，可以进一步细化设计，如添加装饰品、调整服装结构等，直到最终完成设计。设计师可以即时看到设计的真实效果，从而进行快速的调整和优化。这种方法特别适合于创意性强、廓形变化丰富的服装设计，如时装、舞台服装等（如图 3-53）。

"上善若水"
成衣系列
（林洸余作品）

图 3-52　"上善若水"成衣系列 （林洸余作品）

图 3-53　直接造型法设计作品（何颖欣作品）

知识拓展

中国传统服饰之马面裙

马面裙，源于古代汉族女子服饰，其历史可追溯至宋辽乃至先秦，初为保暖遮体的单片多幅拼接裙。宋代旋裙的出现为其奠定了基础，两片式围合设计适合骑马活动。明代时，马面裙达到鼎盛，前后各有两块裙门重合，形成梯形光面，得名"马面裙"，款式宽松舒适，成为上层女性时尚。清代在此基础上发展，褶裥细密，形成百褶裙，并有侧裥式、襕干式、凤尾式等多样形制。近年来，随着传统服饰文化复兴，马面裙再次受到关注。它不仅体现了古代服饰的演变，还融合了建筑文化，是汉族女子服饰的重要代表。

图 3-54　马面裙正面和侧面着装图

马面裙整体裙形呈梯形，上窄下宽，平铺时形似扇形，褶裥越多，扇形弧度越大，与 A 形廓形有异曲同工之妙。马面裙的褶皱设计，不仅增强了裙子的立体感和层次感，还使得穿着者在行走时更加飘逸、灵动。同时，马面裙的裙摆通常较为宽大，能够很好地遮盖腿部线条，起到修饰身材的作用。马面裙还常常饰以丰富多彩的纹饰，如云纹、龙纹、花卉图案等，这些纹饰赋予了裙子更多的文化内涵和审美价值。马面裙不仅代表了中国传统文化的魅力，还反映了民族的自信与自豪。如今，在现代社会，马面裙仍然继续被传承，并为汉服文化的复兴贡献力量（如图 3-54）。

 思考与练习

1. 列举并简要描述至少五种常见的服装廓形（如 A 形、H 形、X 形、O 形、T 形等），并说明每种廓形的特点及其适合的体型或风格。

2. 设定一个目标消费群体（如职场女性、运动爱好者、青少年等），设计一个符合该群体特征的服装系列，明确每个款式的廓形选择及其理由。

3. 选取一种经典服装款式（如西装、连衣裙、牛仔裤等），通过改变其廓形，提出三种不同风格的设计方案，并解释每种风格的设计理念和市场定位。

第四章

服装造型设计基本要素

学习目标

▶▶ **知识目标**

掌握造型要素点、线、面、体的特点及表现形式。

▶▶ **能力目标**

能熟练运用点、线、面、体进行综合设计实践。

▶▶ **素质目标**

通过造型元素设计实践，提高设计素养和协同合作意识。

服装造型元素中的点、线、面、体是设计服装时常用的基本构成元素，它们在服装设计中扮演着重要的角色。设计师通过对点、线、面、体的巧妙运用，可以创造出丰富多样的服装造型，满足不同消费者的审美需求。服装造型元素就如同星星之火，可以从点到线，扩大到面，再到服装的整体，对于服装的整体面貌和风格有着非常重要的作用。

第一节　服装造型设计基本要素——点

一、点的概念

在平面构成中，点是最基本的构成元素之一，它不仅是视觉形象的基本单位，也是构成所有复杂形态的基础。点的大小、形状和位置都是相对而言的，它的大小取决于与其他元素的对比关系（如图 4-1）。

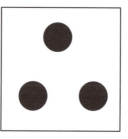

图 4-1　点是视觉形象的基本单位

二、点的特性

点是构成设计元素中的最小形态，它可以是任何具体位置但相对较小的视觉单位。点具有使视线凝固、集中的特点，能够迅速吸引观者的注意力。在设计中，点常被用作视觉中心或焦点。点的形态和大小并非固定不变，而是相对的、灵活的。一个元素是否被视为点，取决于其与周围环境的对比关系（如图4-2）。

图 4-2　点的位置、排列、方向、虚实等构成

三、点的表现效果

（一）定位与平衡

单个点在画面中的位置往往能决定构图中的定位，并起到均衡画面的作用。通过点的合理布置，可以营造出稳定或动态的视觉效果。

（二）组合效果

多个点的组合可以产生丰富的视觉效果。例如，均匀分布的点可以形成虚面的感受；平均单一方向排列的点可以产生虚线的性质；点的大小、形状和排列方式的变化则可以产生方向感、空间感和运动感。

（三）情感特性

不同形状、大小和排列方式的点能够引发观者的不同情感反应。例如，圆形的点往往给人饱满、充实的感觉；方形的点则具有坚实、规整的特点；而不规则的点则可能带来自由、随意的联想。

四、点在服装中的表现形式

点在服装中的表现形式丰富多样，不仅是服装设计的重要元素，也是吸引视觉焦点、增强服装美感的关键。以下是点在服装中几种主要的表现形式。

（一）装饰点

装饰点指首饰、服饰品（如领结、胸花）、标牌（如绣标）等。这些装饰点不仅具有美观作用，还能提升服装的整体质感。装饰点通常用于强调服装的重要部位，如前胸、前胸袋、袋边、袖口边等，通过色彩、形状、材质的变化，达到吸引视线、增加层次感的效果（如图4-3）。

(a) 胸花作为服装中的装饰点　　　(b) 丝巾作为服装中的装饰点

图4-3　服装中的装饰点

（二）图案点

图案点指文字、字母、小型绣花等图案元素。这些图案点以点的形式出现在服装上，形成独特的视觉效果。图案点的大小、疏密、色彩以及排列方式都会影响服装的整体风格。小点图案显朴素，适合类似色或对比色的配色装饰；大点图案则有流动感，适合设计下摆宽大、有动感的服装样式（如图4-4）。

（三）工艺点

工艺点指扣子、珠片（亮片）等通过特殊工艺制成的装饰点。这些工艺点不仅具有装饰性，还往往与服装的功能性相结合。工艺点的运用能够丰富服装的细节处理，提升服装的精致感和时尚感。例如，纽扣作为点元素，在服装中与门襟关系紧密，既有扣合门襟的实际功用，又能对门襟的走势起到强调作用（如图 4-5）。

(a) 服装中的波尔卡圆点图案 　　　　　　　(b) 服装中的碎花点状图案

图 4-4　服装中的点状图案

盘扣形成的
工艺点

(a) 金属扣形成的工艺点 　　　　　　　(b) 盘扣形成的工艺点

图 4-5　纽扣形成的工艺点

（四）局部造型点

　　服装中某些局部造型，如褶皱、口袋、省道等，在视觉上也可以形成点的效果。这些局部造型点能够打破服装的沉闷感，增加服装的立体感和层次感。通过巧妙的布局和设计，可以使服装呈现出更加生动、有趣的视觉效果（如图 4-6）。

图 4-6 服装中的局部褶皱和口袋造型点

（五）虚拟点

虚拟点指通过面料镂空、绑带系结处理等手法形成的视觉上的点效果。这些点并不实际存在于服装上，但通过特殊的工艺处理，可以在视觉上产生点的形态。虚拟点的运用能够使服装呈现出更加轻盈、透气的视觉效果，同时增加服装的层次感和动感。例如，镂空点可以通过对面料的镂空处理，使皮肤或下层面料透露出来；腰间系结可以收腰，也丰富了服装的款式细节（如图 4-7）。

(a) 袖子上的镂空点　　　　　　(b) 系结形成的虚拟点

图 4-7 通过镂空和系结形成的虚拟点

第二节　服装造型设计的基本要素——线

一、线的概念

线在几何学中，是点移动的轨迹，它只具有位置、长度和方向，而不具有宽度和厚度。

线是一切面的边缘和面与面的交界。在线的分类上，主要分为直线和曲线两大类。直线可以向两端无限延伸，而曲线则是变向延伸。

二、线的特性

（一）形态与视觉感受

粗线形态厚重、豪放有力，给人印象深刻；细线则显得纤细、轻松、精致、敏锐。长线具有持续、速度和时间感；短线则显得断续、迟缓、有动感。水平线带有稳定、安全、永久和平的意味；垂直线则给人以崇高、权威、纪念、庄重的感受。

（二）方向性

直线给人明确、简洁和锐利的感觉；而曲线则更加灵动、柔和（如图4-8）。

图4-8　直线和曲线的不同视觉感受

三、线的几何形态

（一）直线

直线包括直线本身、射线和线段。直线可以向两端无限延伸；射线则是一端被固定，另一端可以无限延伸；线段则是两端都被固定，有固定的长度，无法延伸。

（二）曲线

曲线包括弧线（圆上的一部分）、圆锥曲线（圆锥与平面的截线）、螺旋线等。曲线形态多样，具有不同的美学特性和视觉感受。

四、线在服装中的表现形式

线在服装中的表现形式多种多样，不仅承担着将布料拼接为成衣的基本功能，更是服装设计中不可或缺的重要元素。以下是线在服装中的几种主要表现形式。

（一）外部轮廓造型线

外部轮廓造型线是指服装的整体外部形状线，它决定了服装的基本形态和风格（如图4-9）。

如A形、H形、S形等服装造型，每一种轮廓线都代表着不同的设计理念和风格。A形轮廓线强调上窄下宽的视觉效果，具有活泼、优雅的特点；H形轮廓线则呈现直线型的简洁、利落感；S形轮廓线则完美贴合人体曲线，展现女性的柔美与婀娜。

（二）剪线

剪线是指在服装制作过程中，通过裁剪布料而形成的线条。剪线在服装上表现为布料的边缘线，它决定了服装的各部分尺寸和形状，是服装结构的重要组成部分。

（三）省道线

省道线是为了使服装更好地贴合人体曲线，通过收省处理而形成的线条。省道线表现形式多样化，多出现在服装的前胸、后背、腋下等部位，它通过收缩布料，使服装在穿着时更加合身、舒适。省道线的设计和运用，对服装的立体感和美观度有着至关重要的影响。

（四）褶裥线

褶裥线是通过折叠布料并固定形状而形成的线条。褶裥线在服装上表现为规则的或不规则的褶皱效果，它能够增加服装的肌理质感和节奏美感，使服装更加生动、有趣。褶裥线的设计和运用，需要设计师具备丰富的想象力和创造力（如图4-10）。

图4-9　硬朗的外部轮廓造型线

图4-10　规则褶裥线形成服装表面的肌理质感

（五）装饰线

装饰线是为了美化服装而添加的各种线条元素。装饰线包括镶边、嵌条、刺绣等工艺手法形成的线条。它可以通过不同的材质、色彩、形状和排列方式，为服装增添独特的魅力和风格。

（六）面料线条图案

编结线条图案

面料线条图案是指直接在面料上通过印染、织造等工艺形成的线条图案。这些线条图案可以呈现为编结、条纹、流苏等多种形式，它们不仅丰富了服装的视觉效果，还能够通过线条的粗细、疏密、方向等变化，传达出不同的设计理念和情感色彩（如图4-11）。

(a) 编结　　　　　　　　　(b) 条纹　　　　　　　　　(c) 流苏

图 4-11　面料线条图案

（七）明线设计

明线设计是指在服装表面故意显露的缝线或装饰线。这种设计手法能够增加服装的立体感和细节感，使服装更加时尚、前卫。明线设计可以出现在服装的任何部位，如领口、袖口、下摆等，它们通过与服装面料的色彩或材质对比，形成独特的视觉焦点（如图4-12）。

(a) 套装中的撞色明线   (b) 旗袍的镶边设计

图 4-12 以撞色明线来强化镶边的设计

第三节 服装造型设计的基本要素——面

一、面的概念

从几何学的角度来看，线的移动轨迹形成了面的边界，而线所扫过的整个区域则构成了面的内部。因此，可以说线的移动是面产生的一种方式。在设计学中，面是构成平面设计的基本要素之一，与点、线共同构成了视觉设计的语言（如图4-13）。

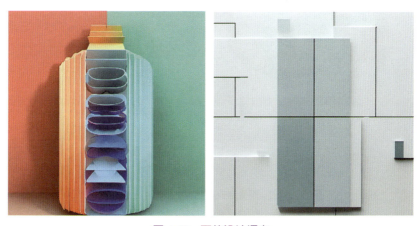

图 4-13 面的设计语言

二、面的特性

（一）延伸感和充实感

面在视觉上给人以延伸和充实的感觉，能够占据一定的空间范围，使设计作品显得更加饱满和有力。

（二）形态多样性

面可以呈现出多种形态，如几何形态、有机形态和不规则形态等。这些不同形态的面在视觉上各具特色，能够传达出不同的情感和信息。几何形态如圆形、方形、三角形等，给人以简洁、明确、理智、规范、秩序的感觉，但也可能产生单调和机械的消极印象。有机形态类似自然界中的花瓣和叶片等，呈现出内在生长感，具有自然、流畅、圆润和自律性轮廓，能使人联想到生命的活力，具有丰满、亲切、淳朴、流畅的视觉特征。不规则形态如任意形、偶然形等，变化丰富，更具人情味和温暖感，更自然，更具个性，给人以原始、朴实、自然、神秘等感受。

（三）视觉影响力大

与点和线相比，面在视觉上更加强烈，能够在设计中占据主导地位，对整体视觉效果产生重要影响（如图 4-14）。

图 4-14　面的多样形态

三、面的表现手段

面可以通过重复、叠加、分割、组合等手法进行表现。这些手法能够产生丰富的视觉效果和层次感，使设计作品更具吸引力和感染力。同时，面的色彩和材质也是重要的表现手段，通过运用不同的色彩和材质可以使面呈现出丰富的视觉效果和触感体验。

四、面在服装中的表现形式

面在服装中的表现形式多种多样，不仅是服装结构的基础，更是设计创意的重要载体。以下从几个方面详细阐述面在服装中的表现形式。

（一）服装裁片表现的面

服装是由裁片缝制而成的，这些裁片本身就可以视为面。在服装设计中，通过裁剪不同形状和大小的裁片，并经过缝合，形成服装的各个部分。例如，前襟面、胸面、肩面、腰面、背面五大基本面，以及领面、袖面、袋面三大重点面，都是由裁片表现的面构成的，如图4-15白色镂空的袖面。这些面在服装中的组合和排列，决定了服装的整体造型和风格。

（二）图案表现的面

服装中经常使用大面积的装饰图案，这些图案就可以看成一个面。图案面的运用可以丰富服装的视觉效果，增加层次感。图案面的形状、大小、色彩和排列方式等都可以根据设计需求进行调整，以达到预期的设计效果。例如，在创意服装中，经常可以看到形态各异的印花图案，这些图案可打破服装平面感，形成视觉流动性，提升服装的价值和吸引力（如图4-16）。

色块拼接表现的面（戴艺玲、黄蕾迪作品）

图4-15　服装裁片表现的镂空面　　图4-16　色块拼接表现的面（戴艺玲、黄蕾迪作品）

（三）服饰品表现的面

服装中面积较大的服饰品，如扁平的大包袋、披肩、头饰等，也可以视为面的一种表现形式。这些服饰品在服装设计中起着重要的装饰作用，它们与服装主体部分相互映衬，共同构成完整的服装造型。例如，一款简约的连衣裙搭配一个精致的包袋或者帽子，那包袋或帽子就可以看作是服饰品表现的面，它为整个造型增添了几分时尚感（如图 4-17）。

图 4-17　包袋、帽子形成服饰品表现的面

（四）工艺表现的面

在服装制作过程中，各种工艺手法也可以形成面。例如，明线缝制、刺绣、扎染等工艺手法在服装上会形成大小不一、形态各异的面。这些工艺面的运用可以增添服装的质感和细节感，使服装更加精致和独特。例如，在民族风服饰中，经常可以看到精美的刺绣图案和独特的扎染效果，这些都是工艺表现的面在服装中的具体应用（如图 4-18）。

图 4-18　刺绣、扎染等工艺形成的面

（五）面的形态与风格

面的形态各异，可以分为几何形面、自由形面等。几何形面如矩形、三角形、圆形等具

有规整、规范的特点，能够传达出理性、秩序、简洁等风格特征；而自由形面则更加灵活多变，能够展现出花哨、妩媚、流动等风格特征。在服装设计中，设计师可以根据不同的需求和风格定位选择合适的面形态进行运用。如用折纸工艺和元素设计的创意礼服，不同大小的面料折面成规律排列，将面在服装中的多样性发挥到了极致（如图4-19）。

图 4-19 折纸元素创意礼服

第四节 服装造型设计的基本要素——体

一、体的概念

体是指在空间中有一定形状和大小的物体，由若干个面、交线（面与面相交处）和交点（交线的相交处或是曲面的收敛处）构成（如图4-20 ）。

图 4-20 圆锥体和立方体

二、体的特性

（一）三维性

体是由长度、宽度和高度三个维度构成的，这使得它不同于二维的平面图形。在服装中，体的三维性体现在服装的整体形态、轮廓和立体感上。设计师通过剪裁、拼接和折叠等技术手段，使服装呈现出丰富的立体效果。

（二）空间感

体具有占据一定空间的能力。在服装设计中，空间感是指服装与穿着者身体之间所形成的空间关系。通过调整服装的版型、尺寸和面料等要素，设计师可以营造出不同的空间效果，如宽松、紧身、立体等，从而满足不同的穿着需求和审美偏好。

（三）动态性

体在空间中是可以移动的。在服装设计中，动态性体现在服装随着穿着者的动作而产生的形态变化上。设计师需要考虑穿着者在不同姿态下服装的呈现效果，以确保服装的舒适性和美观性。

三、体在服装中的表现形式

在服装设计中，体是指服装的三维形态，即服装的空间体积。它是通过面料的剪裁、折叠、填充等手法形成的立体形状，是服装造型设计中的一个重要元素。体的概念涉及服装的整体造型、空间感和比例，是服装从平面布料转变为立体穿着形态的关键。

（一）衣身表现的体

这是指服装的衣身整体所呈现出的体积感。设计师通过合理的剪裁和版型设计，使服装的衣身部分呈现出符合人体曲线的立体形态。这种表现形式在西装、大衣等外套类服装中尤为常见，通过挺括的面料和精准的剪裁，营造出优雅、挺拔的视觉效果。

（二）零部件表现的体

这是指突出于服装的某个布局，如领子、袖口、口袋等零部件所呈现出的体积感。这些零部件通过不同的形状、尺寸和面料选择，能够增强服装的立体感。例如，皮草面料的设计能增加服装的量感，而流苏处理的袖口和衣身则能够营造出个性的氛围（如图4-21）。

（三）服饰品表现的体

这是指服装上体积较大的具有三维效果的饰品，如帽子、包袋、围巾等。这些服饰品通过不同的形状、材质和颜色搭配，能够丰富服装的视觉效果，增加服装的立体感和层次感。同时，它们还能够起到点缀和装饰的作用，使服装更加完整和美观（如图4-22）。

图4-21　皮草和流苏形成的体

图4-22　趣味立体包袋

四、体在服装中的设计应用

（一）立体造型的设计

通过立体裁剪技术，可以使服装更加贴合人体曲线，展现出立体感。例如，灯笼裙的设计，通过特殊的裁剪和缝制工艺，使裙子在穿着时呈现出三维的立体效果。

利用面料的特性进行塑形设计，如利用硬挺的面料制作挺括的服装轮廓，或利用柔软的面料通过褶皱、堆叠等手法创造出丰富的层次感和立体感（如图4-23）。

裙子立体造型
的多样化设计
（潘芷睿作品）

（二）结构与功能的结合

在服装的局部设计中，采用直线或曲线的分割线以及省道设计，不仅能够美化身形，还能提高服装的舒适度和活动自由度（如图4-24）。设计注重多功能性，如可拆卸的袖子、可调节的腰围等，既满足了不同场合的穿着需求，又体现了体在服装中的灵活应用。

图 4-23 裙子立体造型的多样化设计（潘芷睿作品）

图 4-24 体现结构与功能的服装

（三）色彩与图案的运用

利用不同色彩的对比效果，可以突出服装的某些部位或图案，使整体设计更加鲜明生动。将几何形状作为图案元素进行设计和运用，可以创造出丰富的视觉效果。例如，将三角形、圆形等几何形状进行排列组合或与其他元素相结合，形成独特的图案装饰于服装之上（如图 4-25）。

图 4-25 几何形状综合色彩图案形成的服装立体造型（林泽华作品）

知识拓展

海军衫

　　海军衫（Breton Shirt），俗称海魂衫，现指各国水兵们穿的衬衣，通常为蓝白相间的条纹衫。这种针织上衣诞生于19世纪法国布列塔尼地区，最初是当地渔民的劳作服，1858年法国海军正式将其纳入制式军装，规定每件需有21道条纹，象征拿破仑的21场胜利。

　　设计特征方面，海军衫采用100%棉质平纹针织面料，具备良好的透气性与速干性。其标志性的靛蓝与纯白1∶1间隔条纹不仅是视觉符号，更具有实际功能——高对比度条纹在海上环境中更易识别落水者。传统版型为宽松的船形领设计，便于水手活动，袖口采用双针收口工艺增强耐用性。在时尚领域，1920年代可可·香奈儿（Coco Chanel）将海军衫引入高级成衣系列，赋予其摩登气质。毕加索、奥黛丽·赫本等文化偶像的穿着，使其成为知识分子与文艺群体的身份标识。现代时尚产业中，海军衫持续焕发新生命。设计师品牌如圣罗兰（Saint Laurent）通过收腰剪裁与真丝混纺重塑经典，国内设计师品牌UOOYAA（乌丫）在2023春夏系列中创新运用海军衫元素，通过新中式解构主义赋予经典航海基因当代生命力。

思考与练习

　　1.结合流行，搜集服装设计中运用点、线、面、体设计的优秀实例图片，并分析特点。

　　2.选择一款基础款式的服装，通过添加不同位置、大小和数量的点（可以是实物或图案），观察其对服装视觉效果的影响。

　　3.设计一款系列服装，通过改变线的形态和走向，改变面的形状及体的形态和比例等探索造型元素对服装整体风格和穿着舒适度的提升作用。

第五章

服装细部设计

 学习目标

▶▶ **知识目标**

掌握服装衣领、袖子等关键部件和其他服装部件设计方法。

▶▶ **能力目标**

能独立设计服装关键部件，灵活运用设计技巧于不同服装部件。

▶▶ **素质目标**

培养细致入微的设计观察力，提升服装部件设计的创新能力。

服装的细部设计指服装细节以及各部件的设计，服装细部与整体一起构成一套完整的服装造型。好的服装造型设计是整体与细部和谐统一并且能充分表达风格与美感的设计。服装的细部设计包括衣领设计、衣袖设计、口袋设计、门襟设计、下摆设计、细节设计等。老子曾说："天下难事，必作于易；天下大事，必作于细。"这提示着，优秀的细节设计是整体服装设计的基石。在做细部设计时，需注重细部材质、造型、色彩、风格与整体服装造型的关系，以达到烘托和强化主体造型风格的效果。

第一节　衣领设计

一、衣领功能

衣领具有实用功能和装饰功能。在实用功能上衣领日常可防止风沙与灰尘进入衣服内部；冬季可帮助御寒，保持体温；夏季可起到透气散热的作用。在装饰功能上衣领设计可以协调服装的形态，为整体服装造型锦上添花，突出服装风格。

二、衣领类型

（一）无领

　　无领又包括一字领、V形领、方形领、船形领、U形领、心形领等。无领是服装领型中最基础的领型，保持了服装造型的原始形态，多用于春夏季服装或休闲针织服装中。无领看似造型基础且简单，实际与服装配合十分多变，不同的无领造型可搭配多种风格的服装造型（如图5-1）。

图 5-1　无领

（二）立领

　　立领是有领座无领面、近似垂直于肩部的一种领型，在造型上具有庄严挺拔的风格特征，因此多用于各类正式服装和秋冬服装设计中，如中山装、军便装、学生装、旗袍等。同时，立领也是中式服装常见领型之一（如图5-2）。

图 5-2　立领

（三）翻领

　　翻领一般由领面和领座两部分构成，有些领面与衣身相连，一般需要翻折下来穿着，故名翻领。翻领因其造型的多变性和实用的功能性，被广泛地运用在各类服装中，例如衬衫、西装上衣、风衣、冬季大衣、礼服等。常见的翻领有平驳领、枪驳领、青果领等（如图 5-3）。

（四）趴领

趴领是一种无领座或低领座的领型，领面直接与衣身相连，会自然地与前胸后背相贴合，使领型与衣身紧密贴合，整体线条柔和舒展，常见于儿童服装、少女服装中，例如海魂衫、娃娃装等。趴领的领面形状可以根据设计者的需求自由调整，以适应不同款式风格的要求（如图 5-4）。

图 5-3　翻领

图 5-4　趴领

（五）组合领

组合领是利用两种或两种以上的领型综合设计而来的领型，一般具有较高的装饰性和创新性。一般组合领常见于创意服装和礼服中，设计师运用其独特的构思设计变换领子的形状，使领型成为整体造型抓人眼球的一大闪光点。如图 5-5（a）所示为立领和翻领的组合，图 5-5（b）为连身领和翻领的组合。

组合领
（许立桦、
莫烁汉作品）

(a)　　　　　　　　　　　(b)

图 5-5　组合领（许立桦、莫烁汉作品）

三、衣领的设计要点

衣领能够修饰颈部线条，同时也是距离面部最近的服装部件，因此衣领往往能占据人们的视觉中心，具有美感的衣领能够吸引人们对服饰的注意、提高消费者的购买欲，衣领的设计也是整体造型的设计重点。对于衣领设计，可以从以下几个要点入手。

（一）衣领外部轮廓线的变化设计

衣领外部轮廓线的设计主要集中体现在翻领领面与无领设计中，对衣领的外部轮廓线条做夸张处理或异形变化，可增强衣领的装饰性和视觉冲击感。如图 5-6 所示为波浪边及褶边轮廓线的领型设计，让整体造型更添趣味性和可看性。

图 5-6　衣领外部轮廓线变化

（二）衣领材质的统一对比设计

在衣领的设计中可选取多种材质相配合，构成"假两件"或双层领的造型。选用风格统一的多种材质设计的衣领可强调整体造型风格、丰富服装的视觉感受；选用风格差异较大的材质设计的衣领则能起到层次对比、独特性表达的设计效果。如图 5-7（a）所示为服装领面选取不同的色彩和材质进行对比，为上衣增添了亮点部分；图 5-7（b）为领面与驳头部分分别选取哑光面料和丝质微光面料，产生了光泽上的反差感。

(a)　　　　　　　　　　(b)

图 5-7　衣领材质的统一对比设计

（三）衣领的解构设计

衣领的解构设计主要表现在衣领的结构分解并重组上，常见的有：衣领的不对称结构设计、衣领的异形切割、衣领的虚实对比设计以及衣领的悬空、错位、穿插手法等。比如在做具体的设计中，可以表现为左右衣领的不对称性设计，衣领局部夸张扩大或缩小，使衣领两侧体量差异对比明显。如图 5-8 所示，设计师利用解构手法重塑衣领设计语言，采用了不对称的结构，适度夸大了右侧衣领的体量，让人一眼注意到领部的设计。

（四）衣领的装饰性设计

装饰性设计常运用在女装衣领设计中，常见的装饰手段有：拼接、花边、钉珠、褶皱、绲边、绣花等。衣领的装饰性设计可增强衣领柔美和华丽的气质，因此，常在礼服、女装、童装、裙装等服装品类中见到。如图 5-9 所示，作品中运用繁复拼接装饰衣领，凸显作品中性柔和的气质。

图 5-8　衣领的解构设计　　　　　图 5-9　衣领的拼接装饰设计（易婉诗作品）

第二节　衣袖设计

一、衣袖功能

衣袖是上衣的重要组成部分，在功能性上衣袖为人体提供了保暖、防风、防晒等保护性能；在装饰性上，衣袖占据了上衣大部分视觉体积，衣袖设计的可发挥空间大，但也要注意衣袖与整体造型的和谐统一。同时，衣袖在结构设计上需要考虑人体肩部和手臂的运动规律，这就要求设计师在进行衣袖设计时不仅要考虑美观效果，还需考虑袖山、袖肥、袖口三部分与人体活动协调的关系。

二、衣袖类型

（一）无袖

无袖可指无袖片的造型设计，常见于马甲、背心、夏季休闲服装中。在无袖设计中，通过适当增加肩线长度，而形成小肩袖，可起到修饰人体手臂线条、增强设计感的效果；也可通过加深袖窿深，装饰袖窿弧线等手法增强装饰性（如图5-10）。

（二）装袖

装袖是指衣身与袖片分开剪裁，再缝合拼接在一起的一种袖型。装袖可分为圆装袖和平装袖两大类。圆装袖的袖山与袖窿的造型十分圆润饱满，一般袖山弧线要大于袖窿弧长，穿着效果修身合体，常见于西装上衣、职业装、正装中；平装袖的袖山弧长大体与袖窿弧长相等，袖山高度比圆装袖低，穿着起来更加舒适，手臂活动自如，因此多见于衬衫、外套、夹克、运动衫等休闲服装中（如图5-11）。

图 5-10　无袖

图 5-11　装袖

（三）插肩袖

插肩袖是袖子的袖山延伸到衣身肩部或领部的一种袖型，袖山延伸至领围线的称为全插肩袖，延长至肩线的称为半插肩袖。插肩袖的外形宽松流畅，穿着舒适，多见于强调休闲感、舒适度的运动服、大衣、运动外套等。近年来，插肩袖因其自身特有的运动属性，常见于独立设计师品牌和潮牌中。不同的设计手法和装饰手法可赋予插肩袖不同的风格属性，如褶皱花边、雪纺装饰的插肩袖多用于女装，体现了柔美可爱的女性特质；而线条简洁的插肩袖，则多用于男装设计中（如图5-12）。

（四）连肩袖

连肩袖，指衣袖与衣身连裁而成的袖结构，因其衣袖与衣身相连，又称连袖。连肩袖可分为中式连肩袖和西式连肩袖两大类。中式连肩袖的袖身与肩线成 180 度，穿着时肩部宽松舒适，手臂活动自如，但面料会在腋下堆积形成褶皱，多见于新中式服装、睡衣等设计中；西式连肩袖，肩线有一定斜度，更符合人体线条，腋下褶皱较少，造型宽松、飘逸，常见于礼服、创意装的设计中（如图 5-13）。

图 5-12　插肩袖

图 5-13　连肩袖

三、衣袖的设计要点

（一）袖山的设计

袖山平缓的袖型一般比较宽松舒适，适合慵懒休闲的服装风格。袖山增高则袖型会更加合体，高袖山的运用常在正装、礼服、创意装中见到。通过增加袖山高可以辅助得到更有设计感的袖型，例如泡泡袖、羊角袖等，如图 5-14 所示为设计作品中泡泡袖的运用。

图 5-14　高袖山的泡泡袖

（二）袖身的设计

通过对袖身的设计，可以改变袖子的外部轮廓造型，是设计师进行创意表达的常用手段之一。主要有以下三种设计手法：一是对原型袖身的廓形设计变化，可以得到很多经典袖型，例如喇叭袖、荷叶袖、灯笼袖、蓬蓬袖等，图 5-15 作品中对袖身廓形的设计，令袖子有独特的个性张力，释放出超强的轮廓感和造型感；二是在袖身上加入一些装饰性元素，可以增强作品的创意性和可观赏性，例如蝴蝶结、蕾丝、铆钉等；三是也可以通过对袖身做分割、拼接或镂空处理，虚实结合，凸显作品的设计感，如图 5-16 作品中对袖身运用了不同材质拼接的设计手法。

袖身廓形的设计（梁田青、王黎妹作品）

图 5-15　袖身廓形的设计（梁田青、王黎妹作品）

图 5-16　不同材质拼接的袖子

（三）袖口的设计

袖口的设计在考虑美观性的同时还需注重其功能性，比如工作服的袖口应该适当收紧、不做多余累赘的装饰，不可影响工作效率。袖口一般分为收紧式袖口和开放式袖口两大类，收紧式袖口常见于衬衫、工装、棒球夹克中，这类袖口一般使用袖克夫、松紧带或罗纹圈将袖口收紧，造型上利落灵巧，在这类袖口中，可以通过变换袖克夫的长度宽度、螺纹圈的撞色运用等进行装饰设计；开放式袖口则呈现自然松散的状态，让人感觉慵懒舒适，可以搭配飘逸的雪纺设计，也可对袖口装饰花边、钉珠等，打造优雅精美的设计效果，适合女装上衣、连衣裙和礼服等类别服装的设计。图 5-17 开放式袖口做了和袖山呼应的喇叭袖设计，图 5-18 收紧式袖口做了褶皱处理。

图 5-17　开放式袖口　　　　　　　　图 5-18　收紧式袖口

第三节　口袋设计

一、口袋功能

在现代服装中，口袋兼具实用功能与装饰功能。一方面，口袋的实用功能十分突出，人们需要利用衣服上的口袋随身携带一些日常小物件，例如手机、钥匙、纸巾；另一方面，口袋的装饰功能也不容忽视，设计师改变衣袋的大小、形状、比例、风格等，可以丰富和装饰服装整体的造型。

二、口袋类型

（一）贴袋

贴袋又名明袋，顾名思义，它是将面料裁剪成某种形状贴缝在服装上的一种口袋，贴袋的整体袋身外露，多运用于衬衫、运动装、休闲装、童装、家居服中。贴袋的形状多变，设计时可根据需要自由变化形状，可平面、可立体。立体贴袋容量更大，更适合户外装或工服（如图 5-19、图 5-20）。

（二）挖袋

挖袋指在服装上根据设计需求将面料挖出开口，再将袋布套入衣料内层，开口处缝合固定而成的口袋，也可称为暗袋。挖袋的袋线简洁大方，袋体隐形，常见于正装、风衣、大衣、西裤中（如图 5-21）。

图5-19　牛仔裤后贴袋

图5-20　羽绒服立体贴袋

图5-21　挖袋

（三）插袋

插袋与挖袋类似，都是比较隐蔽的袋型；与挖袋不同的是，插袋的袋口设置在衣缝处，而不是直接在面料上挖开，衣缝一般是侧缝、腰线、分割线等。插袋常见于西裤、大衣、裙装等服装中（如图5-22、图5-23）。

图5-22　裤子插袋

图5-23　休闲装插袋

三、口袋的设计要点

（一）袋型的变化设计

袋型的变化多适用于贴袋中，贴袋的工艺简单，形状也是"千变万化"的。童真或趣味造型的口袋适用于童装、创意装，夸张造型和不规则造型的口袋则常见于前卫的独立设计师品牌中。夸张的袋型抓人眼球，可以辅助传达先锋的设计理念；优雅精致的袋型，可以丰富服装的细节、充实整体造型。图5-24童装以贴袋的形式结合了背带裤的造型，诙谐可爱、休闲感十足；图5-25童装口袋加上卡通动物为简洁的上衣造型增添了一抹童趣。

图 5-24　童装袋型变化设计一

图 5-25　童装袋型变化设计二

（二）口袋位置的变化设计

口袋一般设置在上衣腰部或胸口、裤子或裙子臀围线附近。在进行口袋设计时，调整口袋设置的位置，可以给人眼前一亮的新鲜感，但要注意的是，口袋的功能性就要求了其位置设置需满足人体工程学、从口袋中拿取物品方便。同时，口袋位置设计要使整体造型和谐美观。图5-26作品中，将户外装口袋以拼接的形式设置在卫衣下摆处，结合了卫衣和户外装元素，突出了造型运动属性的同时更添前卫时尚感；图5-27作品则将工装口袋放置在前胸口位置，采用异色异质则带来了冲突美感。

（三）口袋的装饰设计

口袋的装饰，可以是在袋布或袋盖上添加印花、钉珠、刺绣、绳边、装饰拉链、纽扣、分割线、褶皱等。对口袋的装饰设计，可以为整体造型增添设计感和趣味性。在图5-28作品中选用了袋盖和按扣装饰口袋的形式。

图 5-26　口袋位置的变化设计

图 5-27　口袋位置和材质变化设计

图 5-28　使用袋盖和按扣装饰的口袋（梁田青、王黎妹作品）

使用袋盖和按
扣装饰的口袋
（梁田青、王黎
妹作品）

第四节　门襟设计

一、门襟定义

门襟，指衣服前片开襟或开衩的部位。门襟具有方便衣物穿脱的结构功能性作用，同时门襟一般处于衣物正中心的位置，是人第一眼注视的地方，因此它的装饰功能也不容忽视，对门襟的设计通常也是服装设计的重点。

二、门襟类型

（一）对称式门襟

对称式门襟指以衣物前中心线为中轴左右两边对称的门襟结构。对称式门襟正式而严谨，是现代大部分服装采用的门襟形式，它具有适用服装类型范围广且制作工艺简单、穿脱方便的优点，但在视觉效果上比较保守（如图5-29）。

（二）非对称式门襟

非对称式门襟（吴楚诗、黄晶晶作品）

非对称式门襟指衣物两片前片不以前中心线对称的门襟结构，如侧开门襟、偏襟等。非对称式门襟更加随性、设计感强，这类门襟的可变化款式也更多，赋予了时装更多的可能性，是设计师传达自我设计理念时常用的门襟类型（如图5-30）。

图 5-29　对称式门襟　　　　图 5-30　非对称式门襟（吴楚诗、黄晶晶作品）

（三）闭合式门襟

闭合式门襟通常使用拉链、纽扣、魔术贴或绳带连接左右两片衣片，形成闭合的结构，这类门襟更注重功能性，起到防风保暖的穿着效果（如图5-31）。

（四）开放式门襟

开放式门襟指左右两前片不闭合的门襟形式，这类门襟更加具有飘逸感、洒脱感，常见于披风、罩衫、创意外套中（如图5-32）。

闭合式门襟（马
伟娜、郭佳娜、
洪俊莲作品）

图 5-31　闭合式门襟（马伟娜、郭佳娜、洪俊莲作品）

开放式门襟（陈
晓冰、梁文诗
作品）

图 5-32　开放式门襟（陈晓冰、梁文诗作品）

三、门襟的设计要点

（一）门襟的错位及不对称设计

　　将门襟放置在前中心线以外的地方，形成一种不对称或错位的视觉效果，是门襟设计最常用的手段之一，通过错位或歪斜的门襟产生的一种服装的不平衡感可以凸显作品的设计感、先锋感。在图5-33服装作品中，便采用了斜向错位的门襟设计。

（二）多层门襟设计

将门襟做多层面料的重叠设计，打造假两件或重复强调的设计效果，可增加门襟部位的设计感和趣味感。图 5-34 的上衣中使用了两层门襟重叠的设计。

（三）门襟的装饰设计

装饰门襟设计
（李聪慧、高思懿作品）

在门襟处利用褶皱、镶边、明线、刺绣、珠绣、羽毛等工艺处理，可以增添门襟部位的细节美感，使门襟更显精致考究。图 5-35 作品中使用了不同厚度和大小的褶皱装饰设计在门襟处，为整体造型增添了层次感和可探究的细节。

图 5-33 斜向错位的门襟设计
（马伟娜、郭佳娜、洪俊莲作品）

图 5-34 双门襟设计
（谢粤、莫小婷作品）

图 5-35 装饰门襟设计
（李聪慧、高思懿作品）

第五节　下摆设计

服装下摆设计可指上衣、裙子、裤子最下端 5 ～ 10cm 处的设计，下摆的形式多种多样，优秀的下摆设计可提高服装造型的设计感、更好地传达设计理念。

一、下摆类型

（一）直线对称型下摆

直线对称型的下摆是最常见的服装下摆类型。直线对称型下摆线条简约，制作工艺简单，常见有"一"字型和斜线型，广泛运用在衬衫、西装、裙子、裤子等日常服装中（如图 5-36）。

（二）弧线型下摆

弧线型下摆在服装中也十分常见，与直线对称型下摆不同的是，弧线型下摆更显随意、俏丽，在休闲装中应用更广泛（如图 5-37）。

（三）不规则下摆

不规则下摆包括波浪型下摆、花苞型下摆、褶皱型下摆、拼接下摆、多层次下摆等创意下摆造型，不规则下摆的设计强调造型的不对称性和创意性，造型感十足，彰显肆意、洒脱、不羁、自由的设计风格（如图 5-38）。

图 5-36　直线型下摆

图 5-37　弧线型下摆

图 5-38　不规则下摆
（谢粤、莫小婷作品）

二、下摆的设计要点

（一）下摆的创意再造

服装下摆部分的创意再造包含对下摆的解构设计、破洞磨损设计、下摆面料装饰设计等，例如将服装下摆做破损或做旧处理，或利用褶皱花边、流苏等做下摆装饰设计，类似这样下摆的创新设计可为整体造型增加精致度与前卫感。如图 5-39 的设计作品中展现了流苏装饰下摆在现代女装中的运用。

（二）下摆的撞色设计

撞色的设计可以为服装下摆造型增添俏皮灵动的氛围，多种色彩的搭配也会让整体造型更加青春明亮。下摆的撞色设计常见于青少年服装、创意装、休闲服中。图 5-40 的设计作品中展现了撞色下摆在针织服装中的运用。

（三）下摆的多层次设计

利用多层面料拼接而成的下摆设计，在视觉上可以增添下摆的层次感和丰富性，常见于裙子的下摆设计中，一般配合使用轻柔面料，如雪纺、真丝等，在行走时下摆随之飘逸流动，尽显浪漫氛围。如图 5-41 中的礼服设计展现了多层次下摆在裙装中的运用。

图 5-39　流苏装饰下摆　　　　　图 5-40　撞色下摆　　　　　图 5-41　多层次下摆

第六节　服装细部设计方法

服装细部的设计，也是对服装细节、服装局部的设计。服装作品的美是整体与细部相统一和谐的美，好的细部设计可以辅助表达设计师的设计理念和审美情趣。对细节设计的改变可以使整体廓形完全一致的服装产生不同的风格表达和视觉效果。"预支五百年新意，到了千年又觉陈"，在服装细部设计上，要结合时代精神和流行趋势，大胆创新。除了上面学习过的服装局部部件的设计方法以外，服装细部的设计，还可以从以下几个方面入手。

一、装饰设计手法

服装细节的装饰设计，一般是指利用辅料的装饰设计手法，如拉链、金属、纽扣、珍珠、织带、流苏、亮片等。这样的装饰手法操作简单，但往往可以提高整体造型的视觉丰富性，达到很好的视觉效果、功能效果。并且，辅料装饰的视觉面积虽小，但由于很多辅料本身带有的风格属性，例如运动属性、柔美风格等，往往能给整体服装造型带来风格走向的引导。

（一）拉链、安全扣对细节的装饰

拉链、安全扣原本是服装的功能性配件，但在现代设计师的手里，它们摇身一变成了重要的装饰元素。拉链与安全扣通常用于工装与运动装备配件，因此它们本身带有运动风格的属性，设计师们利用这种属性对服装细节进行装饰，使中性的运动风格与时装碰撞出强烈的设计感。图 5-42 设计师利用拉链元素作点缀，强调装饰效果的同时，为系列作品增添了金属感和力量感。

（二）绳带、织带、流苏对细节的装饰

绳带等绳状物作为装饰元素的服装，在穿着者行走时随之流动，为整体增添了一抹飘逸活泼的气质，极大地丰富了整体造型的层次感。同时绳带、织带、流苏等装饰柔软，具有流动感，风格上偏女性化，浪漫感较强，因此多用于女装细节的装饰设计中。图 5-43 设计师将流苏运用在裙摆处，穿着者行走时给人灵动顺畅、虚实结合之感。

拉链与带扣
细节装饰（许
立桦、莫烁
汉作品）

流苏运用在裙
摆的细节（李
文婷作品）

图 5-42　拉链与带扣细节装饰　　　图 5-43　流苏运用在裙摆的细节
　　　（许立桦、莫烁汉作品）　　　　　　　（李文婷作品）

（三）金属元素对细节的装饰

金属元素包括金属纽扣、气眼、曲别针等。金属元素一般都具有反光的特性，作为细节设计的装饰元素，可以大大增强服装造型的时髦感。往往一颗金属扣子可以点亮整个沉闷的大衣造型，金属曲别针的重复排列也是时装细节设计中常见的方法。图 5-44 设计师在作品中使用了金属气眼点亮了整体造型，丰富了作品细节，增添了前卫高级感。

二、异构变形设计手法

异构变形的细节设计方法，指对原本服装结构的形状加以改变，把原本的结构细节进

行移位、剪切、拉伸、夸张、叠加等处理，给细节部分赋予新意，从而给人突破常理的惊喜感。

图 5-44　金属气眼装饰细节
（孔可蓝作品）

（一）层叠繁复的细节设计

对服装某细节部位进行层叠繁复的设计可以起到强调作用，使观赏者目光落于此处。服装细节的堆砌设计也是设计师对设计理念、个人情绪传达的有效手法。层叠繁复的细节设计常运用于礼服、创意服装、休闲服装中。图 5-45 在衣领、衣袖和门襟处运用了层叠面料的细节设计，强调作品的个性与独立性，在设计中注入趣味感。

（二）移动错位的细节设计

移动错位的细节设计指将原本服装结构中的某一部分转移位置到其他部位，打乱服装部件的分布位置，如将上衣袖片移动至膝盖部分。这样的细节设计作品，往往给人一种打破规则、突破束缚的观赏感受。如图 5-46 设计者利用了移动错位的细节设计手法，可以看到装饰在门襟和下摆的巨大填充袖子等。

（三）剪切的细节设计

设计者对细节的剪切设计，使服装上的"瑕疵"转为设计上的亮点，并且对细节的剪切处理并不是漫无目的的破坏处理，而是有规律可循、有设计意图、符合结构设计的剪切处理。利用剪切的手法进行细节处理，表达了打破常规、不羁洒脱的设计风格，常见于针织服装、休闲服装或前卫先锋的设计中。图 5-47 中对上衣和裤子局部使用了剪切的细节设计。

三、工艺结构设计手法

细节设计中的工艺结构设计手法主要是指在服装结构线处做设计，如省道、分割线、褶皱处的设计。在服装制作中，往往会利用省道、分割、褶裥等结构手法，将平面的面料裁剪成符合人体曲线的立体服装。在现代服装设计中，设计师会对这些结构线加以装饰设计，这样的细节设计手法不仅使服装更符合人体的曲线变化来满足适体要求，更丰富了服装的细节。

（一）褶裥结构的细节设计手法

褶是指服装面料经缩缝工艺处理后形成的自然型褶皱，裥是指服装面料经熨烫处理后形成的有规律、有方向可循的规律型褶裥。褶裥可取代省道的作用令服装合体，同时褶裥结构立体感和变化性更强，因此更具有装饰性。褶裥结构与柔软的面料相配合，可打造轻盈飘逸、活泼律动的细节造型；与平整硬挺面料相配合，可打造挺拔有型、精美高雅的细节造型。在女装中，运用于胸部、腰侧部、臀部的褶裥结构，可起到丰富细节、修饰线条、使服装合体的作用；运用于领口、袖口、裙摆、侧缝等位置的褶裥结构，主要起到装饰细节作用。在男装中，褶裥结构常装饰于衬衫门襟、袖口、领口等位置。图5-48设计者将褶皱装饰于领口、侧缝、前胸等部位。

图 5-45　层叠面料的细节设计　　　图 5-46　移动错位的细节设计　　　图 5-47　局部剪切细节设计
（梁英琪作品）　　　　　　　　　（张翠丽、李月莹作品）　　　　　　（陈嘉浩、欧阳佩颖作品）

层叠面料的
细节设计
（梁英琪作品）

移动错位的
细节设计
（张翠丽、李
月莹作品）

局部剪切细节
设计（陈嘉浩、
欧阳佩颖作品）

（二）结构线的细节设计手法

结构线的细节设计可包含对省道、分割线的细节设计。服装的结构线在服装设计中扮演着极为重要的角色，它不仅仅是面料上的分割线或缝合线，也是设计师用来塑造和表达服装形态、适应人体曲线、增强穿着舒适度和美观度的关键元素。优秀的结构线设计可以提高服装的穿着舒适度，减少服装对人体的束缚感，使穿着者在活动时更加自如舒适；在现代服装设计中，除了上述的实用性要求之外，设计者对结构线细节的设计更加注重其装饰性，通过对线条分割部分和省道部分的装饰美化设计，可以为服装的结构线细节创造出独特的视觉效果和风格特点。如图 5-49 中前门襟结构线细节设计的运用，创意感十足。

图 5-48　褶裥结构的细节设计

图 5-49　结构线细节设计

 ## 知识拓展

海派旗袍

海派旗袍

　　海派旗袍作为中国旗袍文化中极具特色的一支，脱胎于清代满族旗装。20 世纪 20 年代初，旗袍以宽大平直为主，整个袍身呈"倒大"的形状，但肩、胸乃至腰部已呈合身之趋势。受新文化运动影响，女性追求解放与身体自由，传统宽大袍服逐渐被改良。1926 年，上海《良友》画报刊登的短袖收腰旗袍照片，标志着海派旗袍正式进入公众视野。30 年代和 40 年代是旗袍的黄金时代，海派旗袍不断吸收西式的裁剪方法，更加趋同于欧美流行女装的廓形。那个时期旗袍的基本造型为"紧身收腰，下摆两侧开衩，中式立领大襟"。上海成为中国的时尚中心，受西方文化的深远影响，形成了独特的海派文化。

　　海派旗袍的领型丰富多样，有立领、水滴领、荷叶领等。立领彰显优雅气质，水滴领、荷叶领增添柔美灵动。袖型也有多种变化，如荷叶袖、开衩袖等。荷叶袖增添了旗袍的柔美与灵动，开衩袖则更显时尚与大气。海派旗袍的长度不一，有及膝短旗袍、及地旗袍等。及膝短旗袍更显活泼时尚，适合日常或较为休闲的场合；及地旗袍则更显庄重典雅，常用于正式场合。海派旗袍多采用丝绸等高档面料，质地柔软、光泽度好，能够很好地贴合身体曲线，展现出女性的柔美与优雅。海派旗袍的制作技艺是中国传统服饰工艺的精华之一，镶、嵌、滚、宕、盘、贴、绣、绘、钉等工艺为海派旗袍的主要工艺构成，继承与发扬了中国传统制衣工艺的精髓。海派旗袍的创新改良设计需要恪守传统精髓，同时呼应数字智能时代的消费需求。通过结构解构、材料创新与跨界文化的多维融合，在延续东方美学基因的基础上，实现传统工艺与智能技术的有机共生。

思考与练习

1.进行衣领、衣袖、口袋、门襟创意设计练习。根据服装细部设计的设计要点，自行完成各部件设计各三款。

2.自选一个服装品牌，搜集图片资料并分析此品牌的服装细部设计手法。

3.综合运用服装细部设计手法，设计完成一组系列服装的设计。要求：系列数量3~5套，服装品类不限，绘制完成效果图。

第六章

服装形式美法则

学习目标

▶▶ **知识目标**

理解服装形式美的基本原理与法则。

▶▶ **能力目标**

能够灵活运用形式美法则进行服装设计实践。

▶▶ **素质目标**

增强对服装美学的敏锐感知力，培养创新思维与服装艺术表现力。

世界著名雕塑家罗丹曾说过："世界上并不缺少美，而是缺少发现美的眼睛。"服装设计本身就是创造美的过程，而形式美法则为设计师提供了明确的设计方向和思路，帮助他们在创作过程中更好地把握服装的整体美感。

第一节　形式美的概念及作用

一、形式美的概念

形式美是指客观事物外观形式的美，是指自然生活与艺术中各种形式要素及其按照美的规律构成组合所具有的美。这种美是客观存在的，不属于主观感受，而是指物体本身的美。

形式美是艺术创造追求的目标之一。它在艺术作品中往往具有独立的作用。抽象性艺术结构，总是以特定的形式美为主要原则。形式和相应的精神内容相结合才会产生强烈的感染力（如图6-1）。形式美的构成因素一般划分为两大部分：一部分是构成形式美的感性质料；另一部分是构成形式美的感性质料之间的组合规律，或称构成规律、形式美法则。

图 6-1　新中式风格家具的形式美

二、形式美的作用

　　形式美是艺术作品被人们欣赏的基础。人们往往首先被作品的外在形式所吸引，进而才会去深入了解和欣赏其内容。形式美是人们在审美活动中对现实中美的形式的概括反映。艺术家通过提炼和加工现实中的美，以形式美的方式呈现在作品中，使观众能够感受到超越现实的美。形式美不仅是表面的视觉装饰，更能传达深层的情感和意境。通过形式美的表现，艺术家和设计师能够将自己的情感和理念融入作品中，从而与观众产生情感共鸣，使作品更具感染力和深度。形式美作为艺术和设计的一种通用语言，能够跨越文化和语言的障碍，促进不同文化之间的交流和理解。同时，形式美也承载了历史和文化的记忆，通过作品的传承和展示，能够让人们更好地了解和珍视自己的文化传统。

第二节　形式美法则的内容

　　形式美法则主要包含对称、均衡、对比、节奏、比例、呼应、主次、夸张、调和等方法。该法则也适用于服装设计，是构成服装形式美的具体方法，也是衡量和评判服装美感的标准。

一、对称

　　对称是指图形或物体在对称轴两侧或中心点的四周在大小、形状和排列组合上具有一一对应的关系。对称可以分为多种类型，如左右对称、上下对称、回转对称、局部对称等。不同类型的对称在视觉上产生的效果也有所不同。左右对称给人一种稳重、端庄的感觉，常用于正式场合的设计；上下对称则给人一种轻盈、灵动的感觉，常用于轻松、活泼的设计（如图 6-2）。

图 6-2　对称的传统剪纸艺术品

（一）左右对称

左右对称指的是设计元素在服装的左右两侧，以人体为对称轴呈现出镜像般的对称性。这种设计手法可以带来一种稳重、平衡、和谐的视觉效果，同时也是服装设计中最基本的美学要求之一。在许多经典服装款式中，如西装、大衣等，其剪裁和设计通常遵循左右对称的原则。这种对称不仅体现在整体轮廓上，还体现在口袋、纽扣等装饰细节元素的布局上。在服装的图案和色彩搭配上，左右对称也常被运用。例如，设计师可能会在服装的左右两侧使用相同或相近的颜色，或者以对称的图案来装饰服装，以营造和谐统一的效果（如图 6-3）。

但过度的对称也可能使设计显得单调和乏味。因此，设计师在运用左右对称原则时，应根据具体情况进行灵活调整，以创造出既具有对称美感又不失个性和创意的服装设计作品。

（二）上下对称

服装设计中的上下对称，也称为垂直对称，指的是服装在上下方向上呈现出对称的特点。这种对称通常是以服装的某个水平线（如腰线或胸围线）为中轴，上半部分和下半部分在设计和元素布局上相互呼应，形成一种平衡和谐的美感（如图 6-4）。图案的布局也可以采用上下对称的方式。设计师可以在服装的上半部分和下半部分放置相似或相同的图案，以保持整体的协调性。

图 6-3　左右对称的服装

图 6-4　上下对称的服装

上下对称还可以体现在色彩搭配上。设计师可以选择在服装的上半部分和下半部分使用相同或相近的颜色，以营造出一种整体统一的视觉效果。在细节处理上，上下对称也可以发挥重要作用。例如，服装的上半部分和下半部分可以采用相似的装饰元素，如蕾丝、绣花或亮片等，以增加整体的美观度。

（三）回转对称

　　服装设计中的回转对称，也被称为旋转对称或点对称。它通过在服装轮廓的平面上，以某一点为基准，将造型因素按照相反方向进行对称配置，其基本构图犹如"S"形（如图6-5）。

　　在服装设计中，回转对称可以通过多种方式实现，如在服装的前后、左右或上下部分采用相似的图案、剪裁或细节设计，并以某一点为中心进行对称布局，还可以利用面料的纹理、色彩和图案等元素来强化回转对称的效果。但相较于传统的左右或上下对称，不局限于轴两侧的完全相同，回转对称更灵活多变，更强调旋转和动态的感觉。这种设计常见于民族风格的服装中，如波西米亚风格的长裙或衬衫，上面的印花图案就经常采用回转对称的设计。

图 6-5　回转对称的服装

（四）局部对称

　　在服装设计中，局部对称是一种常见且富有创意的设计手法。它指的是在服装的某个特定区域内，设计元素以某个点或线为中心，在左右或上下方向上呈现出对称的布局。它既保留了对称设计的稳重与平衡，又通过局部的变化和差异，为服装增添一种协调的层次感。以一件时尚连衣裙为例，设计师可以在裙摆部分采用局部对称的褶皱设计，保持整体的简约与大方。此外，在领口或袖口处也可以运用局部对称的蕾丝或花边装饰，提升服装的精致度和女性魅力（如图6-6）。

图 6-6　局部对称的服装

二、均衡

均衡指的是在服装设计中，各个元素（如色彩、款式、材质等）的布局和搭配达到一种视觉上的稳定和谐。这种稳定和谐不是通过简单的对称来实现，而是通过各种元素以变换位置、调整空间、改变面积等求得视觉上的量感的平衡。

虽然均衡和对称都是追求视觉上的平衡感，但它们有着本质的区别。对称是通过在中心线或中心点上下、左右或周围配置相同或相似的元素来实现的，对称设计呈现出稳重、端庄的美感；而均衡则更注重元素之间的视觉重量和分布，注重动态平衡和视觉上的灵活多变，以达到整体的和谐与稳定。在《梨园听戏》这个作品系列中，设计师通过融入有设计感的细节，如褶皱、镂空、流苏、刺绣等元素，为服装增加了吸睛亮点和时尚感。服装在色彩、面料和款式上达到了均衡，既有色彩的对比和冲击，又有面料的柔和与立体感，整体呈现出一种均衡的美感（如图6-7）。

《梨园听戏》
（吴楚诗、黄晶晶作品）

图 6-7　《梨园听戏》（吴楚诗、黄晶晶作品）

三、对比

对比是两个性质相反的元素组合在一起，产生强烈的视觉反差，增强自身的特性。就服装的整体效果而言，对比主要包括款式对比、色彩对比、面料对比、集散对比、动静对比等。如将宽松廓形与紧身廓形、圆形与三角形、直线造型与曲线造型等对比运用，给人造成强烈的视觉冲击力。

1. 款式对比

这种对比表现为服装设计中的长与短、凹与凸、松与紧、宽与窄等元素之间的对比。例如，一件宽松的上衣搭配紧身裤，或者长款外套与短款内搭的组合，都能体现出款式上的对比美。

2. 色彩对比

色彩对比是服装设计中非常重要的一环，它表现为色彩的冷与暖、纯与灰、明与暗等形式的对比。比如，冷色调的蓝色与暖色调的红色搭配，或者明亮的黄色与暗沉的黑色组合，都能产生强烈的视觉冲击。

3. 面料对比

面料对比主要体现在根据面料的厚薄、明暗、粗细、软硬、光泽、毛糙等风格特点，进行内外、上下、前后、左右等的穿插搭配组合。通过面料拼接来达到这种对比效果，使得服装在触觉和视觉上都能产生丰富的层次感。

4. 集散对比

服装造型的集散关系主要由布料打褶的密集程度、工艺装饰的分布、饰物的点缀效果、面料图案的繁简等构成，运用集散对比，可使设计元素集中的地方获得凸显，从而可产生视觉趣味点，加强视觉停歇。

5. 动静对比

这种对比是由穿着方式、工艺、图案、面料等因素产生的。只有动感，则杂乱无章；只有静感，则缺乏生气和活力。动态元素包含曲线结构、飘带、花边、波浪下摆、动感的面料图案、轻薄面料等；静态元素包含直线裁剪、素色、厚实材质、简洁的图案等（如图6-8）。

(a) 动静对比(陈逸作品)　　　(b) 面料对比(杨晓彤、杨明燕作品)

图6-8　动静对比、面料对比

动静对比（陈逸作品）

四、节奏

节奏，是音乐术语，又叫作旋律，指音响的轻重缓急的变化和重复而形成的一种组织形式。在服装设计中，节奏指运用造型要素的变化，如点、线、面等排列的疏密变化、色块的明暗变化、面料相拼的质感变化等，经反复、渐变、交替形成的形式。在服装作品中通过节奏产生的设计美感，抑扬顿挫的优美情调来表现并传达人的心理情感（如图6-9）。

有规律节奏、
等级性节奏
（钟琪玥作品）

图 6-9　有规律节奏、等级性节奏（钟琪玥作品）

1. 有规律的节奏

指同一形态要素在一定范围内等距离的重复排列，又叫连续重复，规律性强，效果整齐但易生硬。

2. 无规律的节奏

指同一形态要素在重复时有大小、疏密、聚散的变化的重复排列，又叫自由重复，运动感强，灵活有变化。

3. 等级性的节奏

指同一形态要素按某一规律阶段性逐渐变化的重复，也叫渐变重复，是一种递增递减的变化，流动感强。

五、比例

比例是指整体与局部、局部与局部之间，通过面积、长度、轻重等的质与量的差，所产生的平衡关系。服装上的比例是指服装各个部位之间的数量比值、尺寸和形态关系，这些部分包括衣长、裤长、袖长、领宽、肩宽、腰围、臀围等。合适的比例能够使服装看起来更加和谐、平衡和美观。

（一）黄金比例

这是一种特殊的数学比例，表示较长部分与整体长度的比值等于较短部分与较长部分的比值约等于 0.618。这个在自然界和艺术作品中广泛存在，被认为具有美学价值。在服装设计中，黄金比例可简化为 3∶5 或 5∶8，用来确定服装的剪裁、版型、图案布局等，如图 6-10 中拉高腰线的设计，使人物显得修长，用的就是黄金比例。

（二）根号比例

根号比例在现实生活中常被应用于纸张、笔记本、纸袋等纸制品的尺寸设计上。用于时装设计中，常见的为 1∶1.4，它能够在视觉上产生一种更为柔和、亲切的效果。

（三）数列比例

数列比例包含等差比例、等比比例或调和数列，常被用于服装的渐变设计上。这种设计可以给服装带来一种逐渐变化的效果，使得整体设计更加流畅、自然。数列比例还可以应用于服装造型和线条设计上。在服装的细节处理上，数列比例同样发挥着重要作用。例如，在设计服装的口袋、纽扣、领口等细节时，可以运用数列比例来确定它们的位置、大小和数量，从而增强服装的整体美感和实用性。

（四）反差比例

反差比例是指通过调整不同部位的比例，有意识地强调服装的某些元素，如领口、袖口、腰部或下摆等。这种比例上的反差能够使这些部位成为视觉的焦点，从而引导观众的视线，突出设计重点。传统的比例设计往往追求整体的和谐与平衡，而反差比例则打破了这种常规，将服装设计主要部位的比例关系极大地拉开，如图 6-11 所示，超长的上衣和巨大的肩宽设计，产生不对称的比例和强烈的视觉反差效果，创造出一种不同寻常的美感。

图 6-10　拉高腰线的黄金比例

图 6-11　强调局部反差比例

六、呼应

呼应是事物之间互相联系的一种形式。在审美和艺术创作活动中，是加强相关因素之间相互照应、相互联系的一种手法，是平衡原理的转化。

服装的形式美法则中的呼应，主要是指在服装设计中元素之间的相互关联和协调，以达到整体的和谐与统一。呼应可以体现在多个方面，包括但不限于色彩、图案、款式和细节等。色彩呼应和图案呼应是指在服装的不同部分使用相似或相同的颜色、图案，以形成一种视觉上的联系和统一（如图6-12）。款式呼应主要体现在服装的剪裁、线条和形状上。通过在不同部位采用相似或相同的款式元素，可以使服装在整体上更加和谐统一。细节呼应是指在服装的不同部位采用相似或相同的细节设计，如领、袖、袋及刺绣、拉链、纽扣等的同形同质，以增加服装的整体协调性（如图6-13）。

图 6-12　色彩呼应和图案呼应

图 6-13　细节及装饰元素的呼应
（张玉婷作品）

细节及装饰元素的呼应（张玉婷作品）

七、主次

服装的形式美法则中的主次原则，是指在服装设计中，各元素之间应有明显的主次关系，以突出设计的焦点和主题，有"众星捧月"的效果。主要元素具有统领性，制约次要元素，次要元素对主要元素起烘托和陪衬作用。

主要元素通常是设计的焦点或中心，而次要元素则起到衬托和辅助的作用。通过合理地安排主要元素和次要元素，可以更好地引导观众的视线，突出设计的主题和特色。在服装设计中，主题是指设计的核心概念或风格。为了突出主题，需要准确把握主题的内涵和特点，并选择合适的元素和手法进行表现。主次通过联合形式美法则的夸张、重复或对比等手法，可以使主题更加鲜明、突出，从而增强设计的视觉冲击力和辨识度，如图 6-14《升官发财》服装系列主要以传统绿白相间的麻将块为灵感导向进行服装的创新性设计。

强调主要元素的设计（陈志智、叶童瑶、冯晓晴作品《升官发财》）

图 6-14　强调主要元素的设计（陈志智、叶童瑶、冯晓晴作品《升官发财》）

八、夸张

服装的形式美法则中的夸张是运用丰富的想象力来突出、强调或夸大服装的某个部分或特征，以增强其表达效果，个性张扬、视觉冲击力强。

（1）款式夸张　可以通过夸大服装的轮廓、比例或细节来吸引眼球。例如，可以设计出极度宽松的衣袖、超长的裙摆或巨大的领口，以营造出戏剧化的效果（如图 6-15）。

（2）色彩夸张　使用鲜艳、对比强烈的色彩组合，或者采用大面积的色块、图案，以强调服装的视觉冲击力。这种手法在舞台表演服或特定主题的时装秀中尤为常见。

（3）面料夸张　选择具有特殊质感、光泽或纹理的面料，如金属光泽的织物、厚重的毛绒面料等，以创造出与众不同的外观效果。

（4）配饰夸张　通过搭配大尺寸、造型独特的饰品，如巨大的耳环、项链或头饰，来增强服装的整体视觉效果。

九、调和

调和在服装设计中指的是将不同元素、色彩、材质等以和谐、统一的方式融合在一起，创造出视觉上的舒适感和整体感。调和在服装设计中起着至关重要的作用，它能够确保各个设计元素之间形成良好的呼应和配合，从而提升设计的整体美感（如图6-16）。

图 6-15　袖子局部款式夸张的设计（黎国鑫、李晓彤作品）

袖子局部款式
夸张的设计
（黎国鑫、李
晓彤作品）

图 6-16　服装中的综合调和（邓蕾作品）

服装中的综
合调和（邓蕾
作品）

（1）色彩调和　可以运用相似色、邻近色或同一色系的色彩进行搭配，以实现色彩的和谐统一。例如，采用柔和的色调过渡，或者通过中性色（如黑、白、灰）来平衡鲜艳的色彩，从而达到色彩调和的效果。

（2）材质调和　不同材质的组合也需要调和。可以选择质地相似或相容的材质进行搭配，以避免产生突兀的触感对比。同时，通过材质的调和还可以营造出丰富的层次感和视觉效果。

（3）款式与剪裁调和　服装的款式和剪裁也需要相互调和。设计时需要确保服装的线条流畅、比例协调，以呈现出整体的美感。例如，在宽松与紧身、简约与复杂等款式之间寻求平衡，使服装在视觉上更加和谐统一。

服装的形式美法则在服装设计中起着多方面的作用，它们对于提升设计的整体美感和协调性至关重要。服装整体美是服装物质内容与精神内容的完美结合，也就是内在美和形式美的和谐统一。服装设计中，任何一件服装都不是单纯的个体，而是由形式美表现的服装造型、材料、色调、图案等许多个体，共同组成的统一体。个体与个体，个体与整体相互协调形成美感。

 ## 知识拓展

非遗香云纱

香云纱，又名"响云纱"，本名"莨纱"，它是世界纺织品中唯一用纯植物染料染色的丝绸面料，被纺织界誉为"软黄金"。2008年，香云纱染整技艺被列入国家级非物质文化遗产名录；2011年，香云纱获得国家"地理标志产品"保护。

香云纱主要产自广东省佛山市顺德区，这里是广东养蚕缫丝的主要地区，素有"南国丝都"之美誉。香云纱的制作工艺复杂而精细，包括浸染、涂封、日晒等多个环节。首先，以纯桑蚕丝织物为原料，经薯莨汁多次浸泡后，再用当地特有的富含多种矿物质的河涌淤泥覆盖。然后，在阳光下反复暴晒、清洗，最终形成香云纱独特的色泽和质感。整个过程需要经验丰富的老工匠们纯手工完成，体现了人类智慧与自然环境的和谐共生。

香云纱（如图6-17）具有多种优点，如凉爽宜人、轻薄柔软、不易起皱、色深耐脏、不沾皮肤等。这些特点使得香云纱特别适合炎热的夏天穿着，同时也赋予了它极高的经济价值和文化价值。香云纱的表面呈黑色或褐色，反面为浅色，具有特殊的龟裂纹理和光泽感。此外，香云纱的防水性和耐晒性也很好，经久耐穿。

图6-17　香云纱服饰

香云纱制作推动当地经济发展，促进相关产业繁荣，也是传播中国文化的名片。但其工艺复杂、周期长、产量有限，面临传承困境。为保护这一非遗，需加强技艺传承、培养人才，并加大宣传推广，提高公众认知与认同，以焕发新活力。

思考与练习

1. 选择一幅具有明显形式美法则应用的服装设计作品，分析其中运用了哪些形式美法则，并说明这些法则如何共同作用，使服装具有整体美感。

2. 设计一款非对称平衡的服装，说明如何通过调整形状、色彩、材质等元素来达到视觉上的平衡，并讨论这种平衡设计对穿着者心理感受的影响。

3. 研究并列举服装设计中常见的比例关系，并设计一款服装，通过精确的比例控制来展现服装的形式美感。

模块三

服装设计实践表现

第七章

服装款式图

 学习目标

▶▶ （ 知识目标 ）

掌握服装款式图的基本特征与要素及绘制方法。

▶▶ （ 能力目标 ）

能够熟练绘制服装款式平面图，并根据需求制作设计版单。

▶▶ （ 素质目标 ）

提升绘图观察能力，培养精益求精的工匠精神。

服装设计图是由服装效果图、服装款式图、服装结构图三个部分构成的。在生产部门，服装效果图、服装款式图与服装结构图构成一个完整的设计方案，通过生产部门主管的确认，发给生产车间，生产线的加工制作是以服装款式图、工艺制版和生产工艺流程图为标准的。服装款式图又叫服装平面结构图，即用平面的表现方法描绘服装的款式结构，它在服装设计图中起到以图文代替设计说明的作用。在设计和生产实践中，服装款式图是最为快速、准确、有效的沟通工具。故宫钟表修复师王津以其"毫厘不差"的专注体现了"择一事，终一生"的工匠精神。这种执着恰是服装款式图绘制的精神图腾，在绘制款式图时，须保持线条的精准、态度的严谨，以匠人之心塑形，达到快速精准表达设计的作用。

第一节　服装款式图概述

一、服装款式图的特点

（一）图形特征

服装款式图主要以平面图形为表现形式，通过线条和图形来描绘服装的款式和细节（如

图 7-1）。与效果图不同，服装款式图更注重于服装本身的款式和结构，只画服装，不绘制人体及动态，这使得它更专注于服装的设计本身。

（二）细节说明

服装款式图不仅描绘服装的外形，还包含了对细节的描述和说明，如特殊工艺的制作、型号的标注、装饰明线的距离等，对服装的生产和制作至关重要（如图 7-2）。

图 7-1 服装平面款式图（罗正元作品）

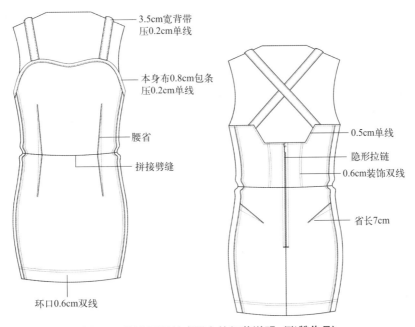

图 7-2 服装平面款式图上的细节说明（张赞作品）

（三）作用与功能

在企业生产中，服装款式图起着样图、规范指导的作用。生产人员必须根据款式图的要求进行操作，以确保服装的款式和质量符合设计要求（如图 7-3）。

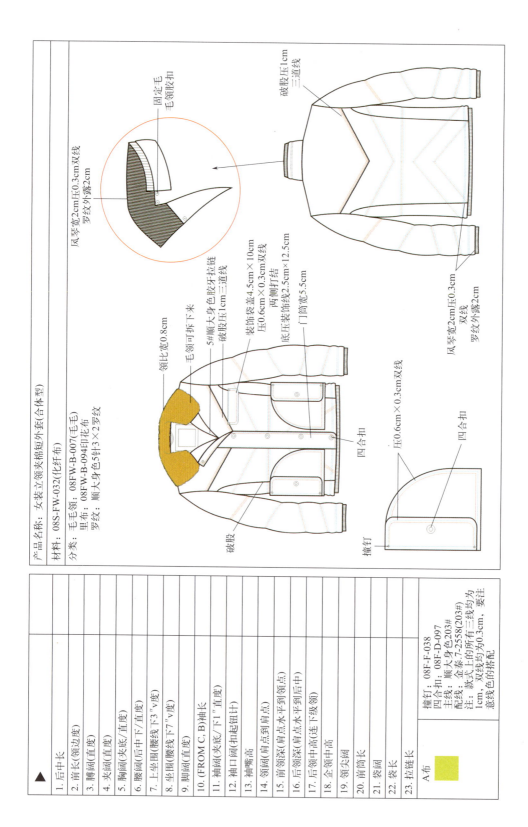

图7-3 服装设计版单（张赞作品）

产品名称：女装立领夹棉短外套（合体型）

材料：

分类：毛毛领：08FW-B-007(毛布)
里布：08FW-B-094印花布
罗纹：顺大身色5针×2罗纹

固定毛
毛领胶扣

风琴宽2cm压0.3cm双线
罗纹外露2cm

破股压1cm
三道线

风琴宽2cm压0.3cm
双线
罗纹外露2cm

领比宽0.8cm

毛领可拆下来

5#顺大身色胶牙拉链
破股压1cm三道线

装饰袋盖4.5cm×10cm
压0.6cm×0.3cm双线
两侧打结
底压装饰线2.5cm×12.5cm
门筒宽5.5cm

压0.6cm×0.3cm双线

四合扣

四合扣

破股

撞钉

1. 后中长	
2. 前长(领边度)	
3. 胸阔(直度)	
4. 夹阔(直度)	
5. 胸阔(夹底/直度)	
6. 腰阔(后中下/直度)	
7. 上坐围(腰线下3"v度)	
8. 坐围(腰线下7"v度)	
9. 脚阔(直度)	
10. (FROM C, B)袖长	
11. 袖阔(夹底/下1"直度)	
12. 袖口阔(扣起钮计)	
13. 袖嘴高	
14. 领阔(肩点到肩点)	
15. 前领深(肩点水平到领点)	
16. 后领深(肩点水平到后中)	
17. 后领中高(连下级领)	
18. 企领中高	
19. 领尖阔	
20. 前筒长	
21. 袋阔	
22. 袋长	
23. 拉链长	

撞钉：08F-F-038
四合扣：顺大身色203#
主线：金泰.7-2558(203#)
配线：款式上的所有三线均为
1cm，双线均为0.3cm，要注
意线色的搭配

A布

服装款式图是设计师意念构思的重要表达方式。设计师通过款式图将自己的设计理念、款式特点和创意展现出来，与他人进行沟通和交流。由于手绘款式图比效果图简单，能够快速地把服装的特点表现出来，因此在时装表演、市场调查等场合，设计师常常使用款式图来快速记录服装的特点和印象。

二、服装款式图的要素

服装款式图三要素为比例、结构、线迹。

（一）比例

服装款式图绘制要求比例准确，符合服装的基本比例。

服装款式图一般可分为正面、背面、侧面和局部四种，在绘制时要注意服装整体和局部间的比例关系，要依据人体的比例与服装的款式来确定衣长、袖长、裙长、肩宽等尺寸。在绘制服装款式图时要注意与设计效果图的服装相统一，要严格准确把握服装款式图和设计效果图之间的紧密关系，而不是孤立地表现款式图（如图7-4）。

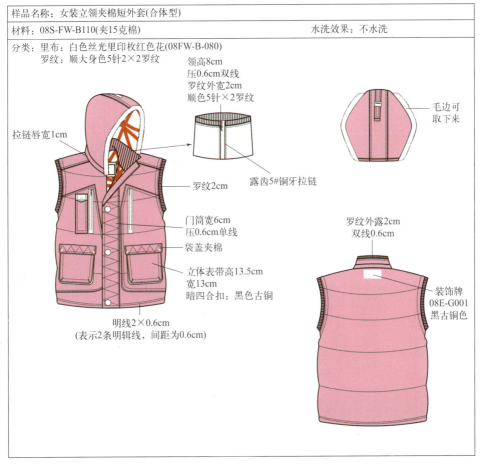

图7-4　设计单中的女装夹克图（张赞作品）

（二）结构

服装款式图绘制要求结构明确。服装的结构、分割要细致表达出来。服装款式图是由服装的轮廓线、分割线、结构线组合而成的，轮廓线是基础，分割线、结构线是以设计图为依据的，要严格按照效果图的设计，将效果图转换成款式图，明确规范地表现效果图中的每一个部分（如图 7-5）。

图 7-5　长袖连帽卫衣款式图正背面（张赞作品）

（三）线迹

在绘制款式图时，粗细线应用要合理，一般由粗线、细线、虚线三种线迹表现。粗线一般用于表现轮廓线、分割线，如外部轮廓线、局部（领子、口袋、肩袢等）的轮廓线；细线一般用于表现装饰线、衣褶线；虚线一般用于表现明辑线（如图 7-6 ～图 7-9）。

图 7-6　圆领卫衣款式图正背面（张赞作品）

图 7-7　圆领 T 恤款式图正背面（张赞作品）

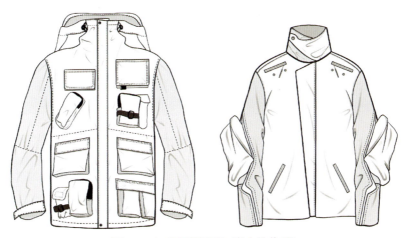

图 7-8　细节标识清晰（龚立欣作品）

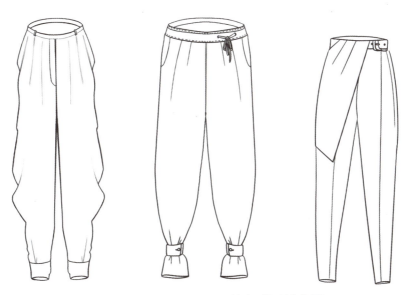

图 7-9　裤子款式图上的不同线迹（梅明中作品）

第二节　服装款式图的绘制方法

　　常见服装款式图的绘制方法有两种。一种是用直线均匀绘画，线条粗细统一（如图 7-10）。另一种是粗细线条交错使用，可以在款式图上加上深浅不同的灰色，形成黑、白、灰不同色调变化，突出艺术效果（如图 7-11）。

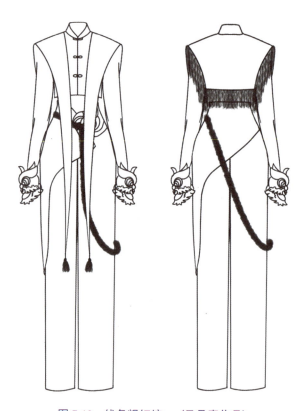

图 7-10　线条粗细统一（吴丹青作品）

图 7-11　款式图上的不同灰色表示不同位置（张赞作品）

绘制服装款式图的工具有铅笔、橡皮、钢笔、针管笔、粗细不等的勾线笔。如在绘制时，线条难以画直画顺，可采用直尺、曲线尺作为辅助工具；款式图的比例把握不准确时，可采用人台作为辅助工具。

在绘制服装平面款式图之前，要对服装原型结构图有比较熟悉的了解，在绘制的过程中要考虑款式结构和工艺。同时还要了解服装中的肩、胸、腰、臀的宽窄变化会对服装廓形产生的影响，以及款式内部的零部件，如口袋、腰带、纽扣等在款式中所在的位置比例关系。其中，最重要的是掌握人体的比例关系。

一、基于人体比例的"T"形对称画法

接下来以男装夹克（如图7-12）为例叙述一下服装款式图的绘制方法。

步骤一：根据时装画人体比例画出人台，并标注清楚人台中心线、领围线、肩线、胸围线、腰围线、臀围线（如图7-13）。

步骤二：在对称轴的一侧（以左侧为例），依次绘制领口、门襟、肩部、袖窿弧、侧缝、下摆、袖子、内部零部件、细节装饰（如图7-14）。

基于人体比例的"T"形对称画法

图7-12 男装夹克

步骤三：利用对称原则，把左边绘制好的部分对称到右边，并完善各部分的细节（如图7-15）。

步骤四：绘制出左右不相同部分的设计（如图7-16）。

步骤五：擦掉辅助线，用不同粗细的笔勾线完成（如图7-17）。

二、绘制服装款式图的要点

（一）比例

在绘制服装的比例时，应从整体到局部，绘制好服装的外形及主要部位之间的比例。如

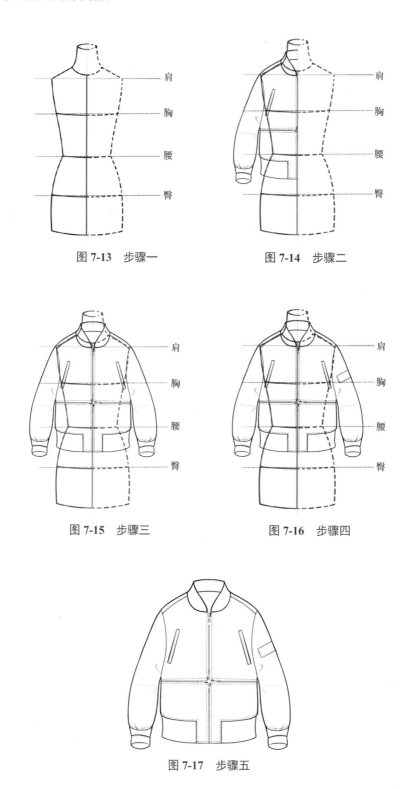

图 7-13　步骤一　　　　　　　　图 7-14　步骤二

图 7-15　步骤三　　　　　　　　图 7-16　步骤四

图 7-17　步骤五

服装的肩宽与衣身长度之比，裤子的腰宽和裤长之间的比例，领口和肩宽之间的比例，腰头宽度与腰头长度之间的比例等。把握好这些比例之后，再观察局部和局部、局部与整体之间的比例关系，必要时可以借助尺规（如图 7-18）。

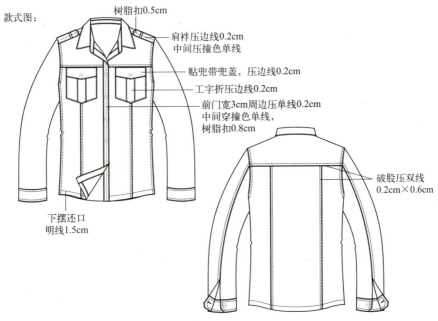

款式图：

树脂扣0.5cm

肩裥压边线0.2cm
中间压撞色单线

贴兜带兜盖，压边线0.2cm

工字折压边线0.2cm

前门宽3cm周边压单线0.2cm
中间穿撞色单线，
树脂扣0.8cm

破股压双线
0.2cm×0.6cm

下摆还口
明线1.5cm

图 7-18　比例（张赞作品）

（二）对称

　　因为人体是对称的，所以服装的主体结构必然呈现出对称的结构（不对称设计除外），初学者在手绘款式图时可以使用"对折法"来绘制服装款式图，这是一种先画好服装的一半（左或右），然后再沿中线对折，描画另一半的方法，这种方法可以轻易地画出左右对称的服装款式图。用电脑软件绘制服装款式图的过程中，只要画出服装的一半，然后再对这一半进行复制，把方向旋转一下就可以完成，比手绘要方便得多（如图 7-19）。

图 7-19　对称（张赞作品）

（三）线条

　　在绘制的过程中要注意线条的准确和清晰，不可以模棱两可，如果画得不准确或画错线条，一定要用橡皮擦干净，绝对不可以保留。在绘制服装款式图的过程中，不但要使线条规范，而且还要表现出线条的美感，要把轮廓线和结构线、明线等线条区别开，可以利用三种线条来绘制服装款式图，即粗线、细线和虚线（如图 7-20）。

部位	尺码/cm
腰围(拉齐上口)	76
臀围(裆底上8cm)	89
横裆(裆底下2.5cm)	51.5
膝围(裆底下31cm)	36
脚口(直量)	31.5
内长(顺弧量)	80
前长(含腰)	19
后长(含腰)	32
拉链	8.5

辅料明细:
主唛:
烟字唛:
工字扣:
皮牌:

款式类型:女装窄脚牛仔裤(低腰)
面料:
配布1 配布2
洗水效果:浅色洗

款式图:
印花及工艺请看1:1图
0.6cm
0.6cm水洗皮
0.2cm×0.3cm撞钉
水洗皮革
3cm
0.2cm×0.6cm双线
脚口1.2cm压单线
工字扣2cm
0.6cm双线
0.6cm双线
腰宽4cm上腰压0.2cm单线
下腰压0.2cm×0.6cm双线
10cm×5.5cm
水洗皮绣花请看1:1图
0.2cm×0.6cm埋夹
后兜请看1:1图
0.2cm×0.6cm埋夹
配布示决图:

1.2cm 6cm 中间车 0.6cm双线

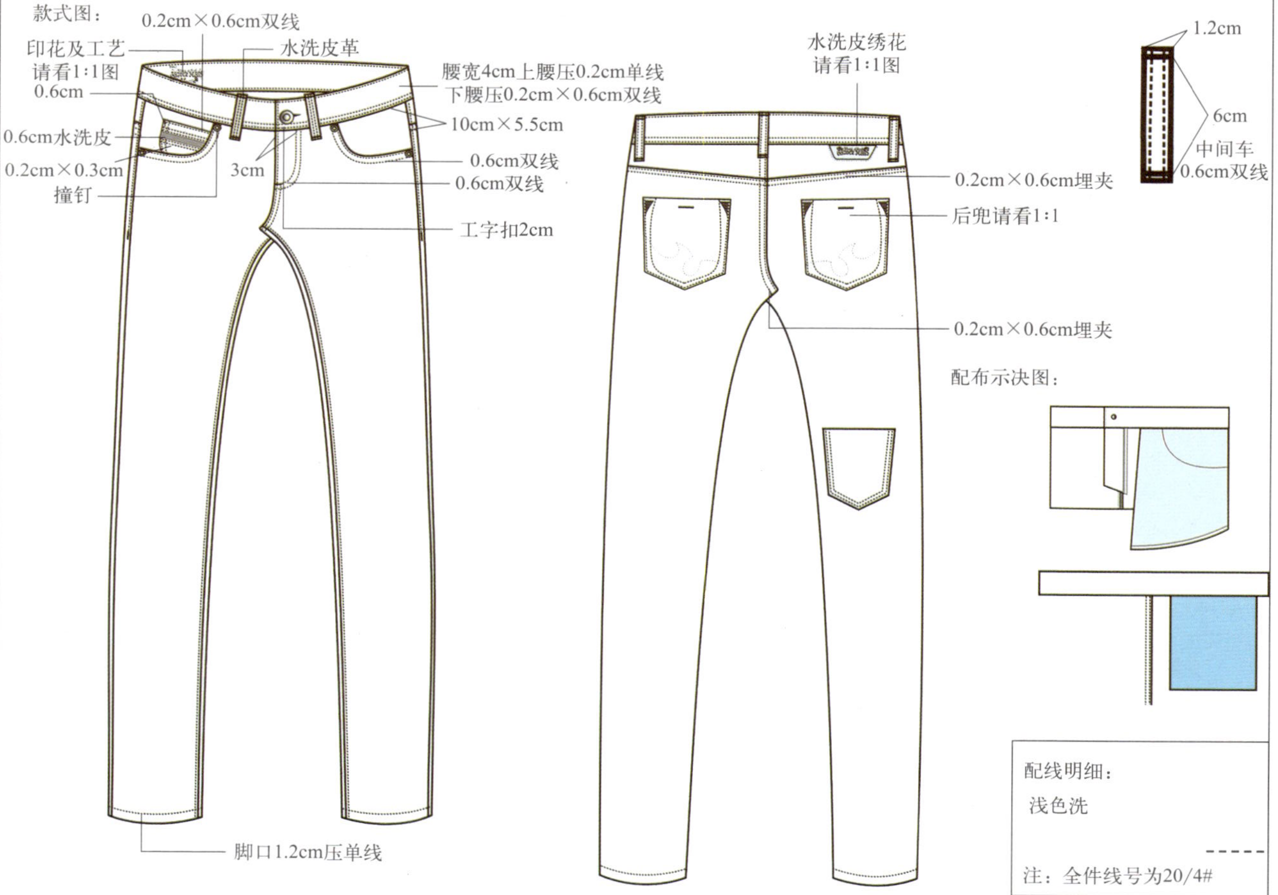

配线明细:
浅色洗
注:全件线号为20/4#

图7-20 设计版单中粗细线的应用 (张赞作品)

（四）细节

服装款式图要求绘图者必须要把服装交代得一清二楚，在绘制款式图的过程中一定要注意把握服装细节的刻画，如果画面太小，可以用局部放大的方法来展示服装的细节，也可以用文字说明的方法为服装款式图添加标注或说明，来把细节交代清楚（如图 7-21）。

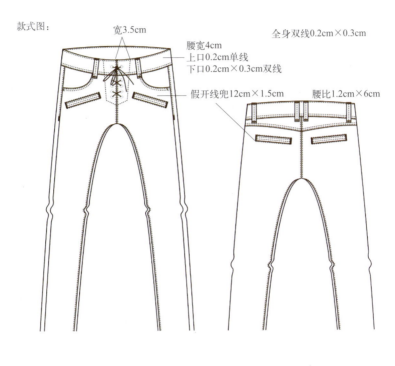

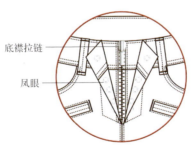

图 7-21 局部放大（张赞作品）

（五）文字说明和面辅料小样

在服装款式图绘制完成后，为了方便完成服装的打版与制作，还应有必要的文字说明，其内容包括：服装的设计思想，成衣的具体尺寸如衣长、袖长、袖口宽、肩斜、前领深、后领深等，工艺制作的要求如明线的位置和宽度、服装印花的位置和特殊工艺要求、扣位，以及面料的搭配和款式图在绘制中无法表达的细节。另外还有辅料小样，包括扣子、花边以及特殊的装饰材料等（如图 7-22）。

款式类型：男装夹棉外套

| 面料： | ▨ 配布1 | ▨ 配布2 | 洗水效果：不洗水 |

款式图：

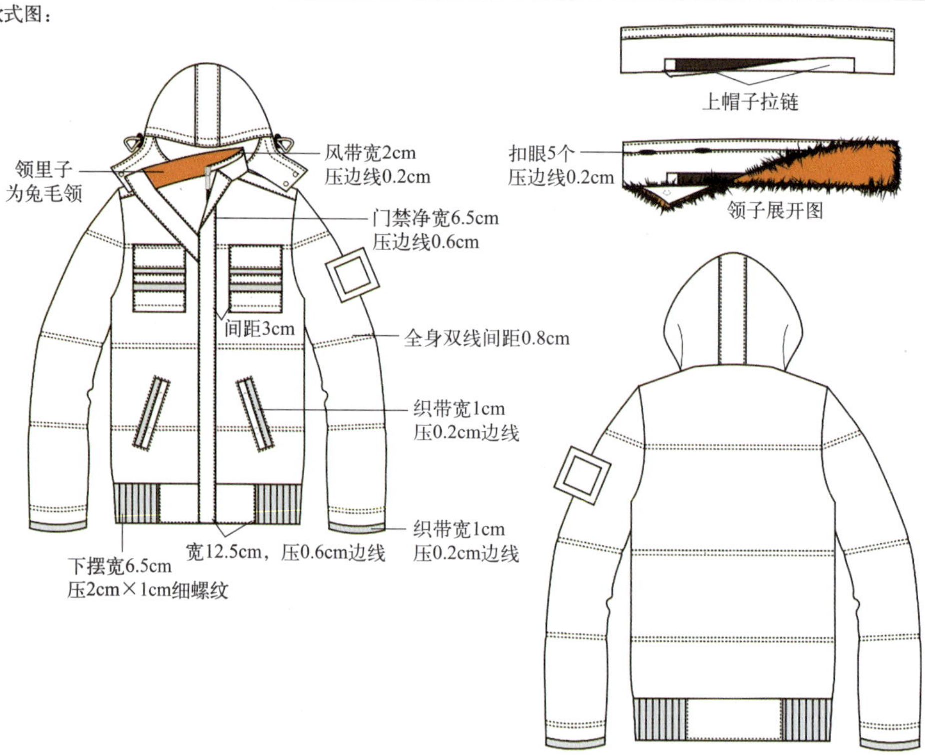

上帽子拉链

风带宽2cm
压边线0.2cm

领里子
为兔毛领

扣眼5个
压边线0.2cm

门襟净宽6.5cm
压边线0.6cm

领子展开图

间距3cm

全身双线间距0.8cm

织带宽1cm
压0.2cm边线

织带宽1cm
压0.2cm边线

下摆宽6.5cm
压2cm×1cm细螺纹

宽12.5cm，压0.6cm边线

图 7-22   带有细节设计说明的款式图（张赞作品）

🌱 知识拓展

服装设计版单

服装设计版单，是服装设计与生产流程中的核心文档之一，它扮演着从创意构思到实物成品转化的桥梁角色。简言之，版单是设计师思想的具体体现，详细记录了服装的款式、尺寸、面料选择、色彩搭配、缝制工艺要求及辅料应用等关键信息。

一份完整的版单通常包含以下几个部分。首先，设计概述部分会简述设计理念、目标市场及风格定位。接着是详细的设计图纸，包括正面、背面及侧面的款式图，有时还会有局部细节图，以便生产团队准确理解设计意图。尺寸规格表则列出了各部位的具体尺寸数据，确保服装的合身性与一致性。面料与辅料清单明确了所需材料的种类、颜色、质地及用量，直接关系到成品的质感与成本控制。此外，缝制工艺说明详细阐述裁剪、缝合、整烫等制作步骤和特殊要求，确保生产过程中的每个环节都能精准执行（如图 7-23 ～图 7-25）。

版单不仅是设计师与生产部门沟通的纽带，也是质量控制和成本评估的重要依据。通过版单，设计师可以预见成品的最终形态，而生产团队则能依据其指导高效、准确地完成生产任务。因此，制作一份详尽、准确的版单对于保障服装设计理念的实现、提升生产效率及保证产品质量至关重要，是服装产业中不可或缺的一环。

款式编号：

日期：

季度：

款式类型：

衣型：

面料：

颜色：

部位	尺码/cm
规格	175/92A
衣长(后中长)	68.5
袖长	63.5
肩宽(肩点到肩点直量)	49
胸围(直量)	120
摆围(直量)	110
袖窿深(肩点住下直量)	26
领高	6.5
下摆宽(直量)	6
袖口(直量)	15
领宽(领边到领边)	15

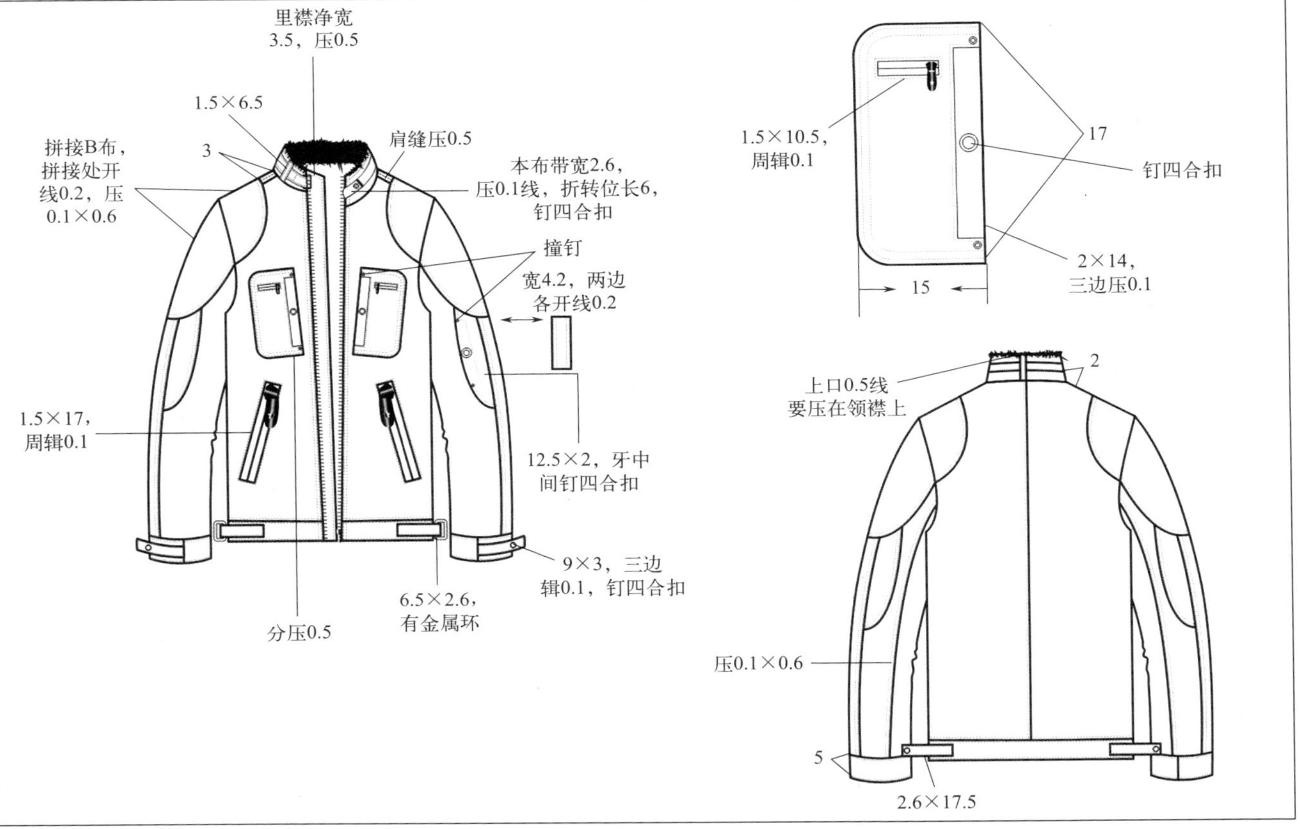

钉四合扣

2×14，三边压0.1

1.5×10.5，周铆0.1

15

17

上口0.5线要压在领襟上

2

压0.1×0.6

2.6×17.5

5

本布带宽2.6，压0.1线，折转位长6，钉四合扣

撞钉

宽4.2，两边各开线0.2

12.5×2，牙中间钉四合扣

9×3，三边铆0.1，钉四合扣

6.5×2.6，有金属环

分压0.5

肩缝压0.5

里襟净宽3.5，压0.5

1.5×6.5

3

拼接B布，拼接处开线0.2，压0.1×0.6

1.5×17，周铆0.1

图7-23 男装上衣版单（张赟作品）

注：图中数据的单位为cm。

日期：　　　　　季度：

款式编号：

款式类型：　衣型：　颜色：

面料：08S-FW-B-027(咖啡色)

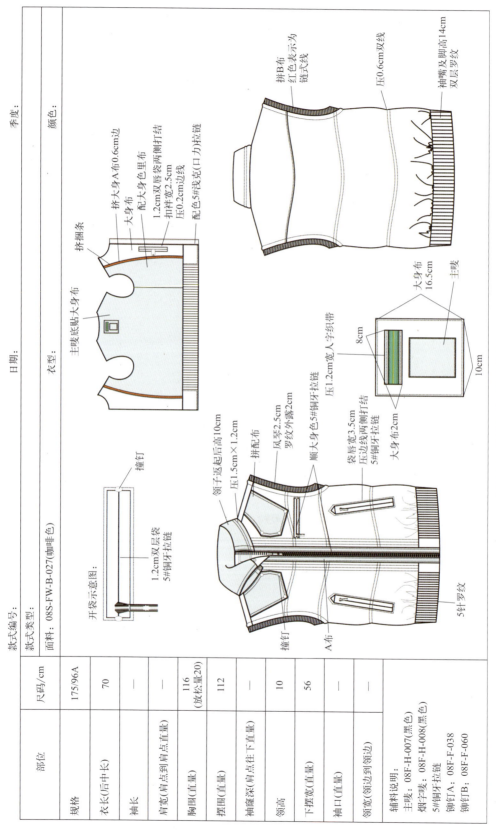

部位	尺码/cm
规格	175/96A
衣长(后中长)	70
袖长	—
肩宽(肩点到肩点直量)	—
胸围(直量)	116 (放松量20)
摆围(直量)	112
袖隆深(肩点在下直量)	—
领高	10
下摆宽(直量)	56
袖口(直量)	—
领宽(领边到领边)	—

辅料说明：
主唛：08F-H-007(黑色)
烟字唛：08F-H-008(黑色)
5#铜牙拉链
铆钉A：08F-F-038
铆钉TB：08F-F-060

图7-24　马甲版单（张赞作品）

款式类型：女裤窄脚牛仔裤　　水洗效果：浅色系

面料：

■ 配布1　　■ 配布2

绣花：绣花编号：09SE-G-005

部位	尺码/cm
腰围(拉起上口)	76
臀围(档底上8cm)	89
横档(档底下2.5cm)	51.5
膝围(档底下31cm)	36
脚口(直量)	31.5
内长(顺弧量)	80
前长(含腰)	19
后长(含腰)	32
拉链	8.5

辅料明细：
主唛：
烟字唛：
工字扣：
皮牌：

工字扣：
撞钉：
0.2cm×0.6cm
脚口压1.2cm单线

铁盘：
皮牌：
0.2cm×0.6cm埋夹
14.5cm
5#拉链095拉头(压银条)

配色明细：
(1) 中色洗
A色线：金泰15-616
B色线：金泰11-756
C色线：金泰29-997
绣花线色：金泰15-616
(2) 浅色系(跟样裤)
A色线：金泰16-1677
B色线：金泰33-299
C色线：金泰28-960

撞钉：
A线：
C线：
铁盘：
B线：
0.3cm明线

线色说明：
A线：521-521
B线：520-520
C线：2121-241

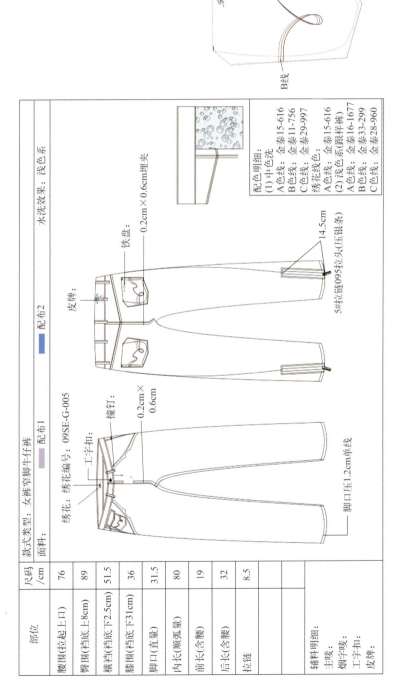

图7-25　女装窄脚牛仔裤版单合口袋细节（张赞作品）

思考与练习

1. 参考 T 台秀图片或者服装实物，注意服装的特点，观察正面、侧面、背面的结构与工艺特点，绘制服装款式图。

2. 分别绘制长款风衣、半身裙、连衣裙、商务夹克款式图正背面，每类服装画 2 款。

3. 参考秀场图片，设计一款女装外套，用服装设计版单的形式表达出来。

第八章

服装系列装设计

 学习目标

▶▶ **知识目标**

掌握灵感升华为主题的方法及系列元素的合理运用与整合。

▶▶ **能力目标**

能运用系列装设计的流程及设计方法进行系列装设计。

▶▶ **素质目标**

培养敏锐的观察力与创造力，培养创新思维与文化自信。

服装系列设计，是设计师将碎片化的灵感升华为系统化表达的艺术，更是个人才华与社会价值的交汇点。服装系列设计整体性强、主题鲜明，同时兼具多样性和创新性。它不仅是设计师表达艺术思想的重要方式，也是品牌塑造形象、传递文化价值的核心手段，在时尚产业中占据重要地位。在全球化与本土化交织的当代中国，系列设计早已超越美的单一追求，成为文化传承者、生态守护者、创新开拓者的多重使命载体，年轻设计师应学会在系列中植入文化基因，让服装成为"行走的中国故事"。

第一节　系列装概述

一、系列装概念

系列装是指围绕一个共同主题、风格或设计理念，通过多套服装作品展现统一性和多样性的设计集合。这些服装在色彩、面料、剪裁、细节等方面相互呼应，形成一个完整的设计体系。

二、服装系列设计

服装系列设计是指由一个主题引发的、具有相似风格的，将与造型相关联的因素运用在成组服装上的设计，是一种科学、系统、完整的创作方法。它强调在设计中保持群体的完整统一和个体的局部变化，通过多元素组合表现出和谐的美感特性。这些元素可能包括款式、色彩、面料、工艺和装饰图案等。

服装系列按套数可分为小系列（3～5 套）、中系列（6～12 套），大系列（13 套以上）。小系列适用于小型展示、概念设计或实验性项目，强调设计主题的简洁表达。中系列是最常见的系列规模，适合时装秀、毕业设计或品牌发布，能充分展现设计主题的多样性和深度。大系列适用于高端品牌发布会或大型时装周，需要更强的设计延展性和主题表现力。

第二节　灵感元素的收集与应用

本节将细致剖析系列装灵感元素的摄取收集过程，展现设计师如何从纷繁复杂的世界中抽丝剥茧，提炼出创意元素，并转化为设计实践应用。

一、全感官的灵感探索

设计师作为全感官的探索者，往往以视觉为先导。如山川湖海、花鸟鱼虫、季节更迭等，都是创意的源泉。这些视觉元素，经过设计师的提炼与重构，化作了服装上的一抹亮色、一种形态，赋予了作品以生命力和情感。同时，像是自然界的流水声、城市中的喧嚣声，也是感知世界的另一种方式，嗅觉与触觉都将是激发创作的灵感来源。灵感元素的摄取收集过程，对于服装系列设计而言有着至关重要的作用。

二、多元灵感源泉的深挖

自然界的鬼斧神工是设计师取之不尽、用之不竭的灵感源泉。自然界的植物与动物，自然的色彩、形态和质感，都能为设计师提供丰富的视觉与触觉素材（如图 8-1）。

不同地域、民族的文化传统与历史遗产是时间的见证者，蕴含着丰富的传统元素与故事性。通过深入研究这些文化遗产，来提炼出具有代表性的元素符号、图案纹样和色彩偏好，可为设计增添文化底蕴与故事感。艺术作品、建筑结构和装饰图案，也是设计师汲取灵感的重要途径。从古典艺术到现代艺术，从建筑美学到室内装饰，设计师可以从中获得创意构思、表现手法和审美理念等（如图 8-2）。

当代社会的变迁、流行趋势和生活方式的变化，也是灵感来源的重要途径之一。通过关注社会热点、流行趋势和消费者需求，可以为设计提供市场导向与灵感启示。灵感来源于自然、文化、艺术、社会与个人等多个维度。在探索灵感的过程中，还可以通过旅行、参观展览、阅读书籍等方式，深入了解不同领域的知识与文化，拓宽自己的视野与认知边界。速写、拍照、录音以及文字记录，都是捕捉灵感、保留创意的有效手段，因此应养成记录日常的好习惯。古代服饰繁复华美，承载着先人的智慧与情感，从中能汲取无尽的灵感。设计师将这些元素运用在现代设计之中，使服装不仅仅是遮体保暖之物，更成为连接过去与未来的纽带。

图 8-1　以竹子形态为灵感的服装设计

图 8-2　以中国古建筑屋檐的形色和神兽为灵感的系列设计《浮华古琢》（林洸余作品）

此外，地域文化的多样性也为设计师们提供了更多的灵感。如非洲部落的鲜艳色彩与原始图腾，印度纱丽的轻盈飘逸与繁复装饰，欧洲中世纪宫廷的华丽繁复与精致细节，跨越地域的界限，将民族风情融入作品中，使服装成为展现世界文化多样性的窗口。

以中国古建筑屋檐的形色和神兽为灵感的系列设计《浮华古琢》（林洸余作品）

　　绘画艺术，是人类创造力与想象力的结晶。设计师可以从中汲取灵感，运用渐变色彩、轻盈面料结合流动剪裁，让穿着者行走间如穿梭于光影交错的画廊，尽显艺术韵味。电影艺术作品以其叙事方式、视觉效果和情感表达，提供了丰富的灵感资源。通过深入挖掘电影中的美学元素、角色性格以及文化背景，设计师们能够创作出既具有电影特色又充满创意与想象的服装作品（如图 8-3）。街头文化包含了涂鸦艺术、嘻哈文化和滑板运动等，富有活力与个性，将其中鲜明的色彩、粗犷的笔触，通过印花、刺绣或面料拼接等手法运用在服装设计之中（如图 8-4）。

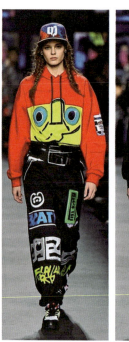

图 8-3　以古希腊影视服装
　　为灵感设计的服装

图 8-4　街头文化服装系列作品

　　近年来不少设计师开始探索可持续循环设计，通过回收再利用、天然染料以及减少碳足迹，设计出既时尚又环保的服装。他们也开始将目光投向社会问题的深刻反思，通过服装来探讨性别平等、种族多样性、环境保护等议题，来激发公众对这些问题的关注与思考。

三、灵感捕捉与整理

　　系统化地整合各类灵感是创作的起点，而视觉记录往往最直观。相机捕捉自然光影，速写本定格街头时尚瞬间，历史文物和艺术作品则提供丰富的色彩与构图参考。手绘与绘画，不仅延续了设计师的个人风格，还常在创作中点燃新的灵感火花。这些记录，为设计师提供了充足的素材与灵感框架。素材收集是使灵感从虚拟走向现实的重要步骤。素材包含各种面料样本、色卡、装饰元素（如纽扣、拉链、刺绣图案）以及手工艺品等。这些实物素材能在触觉上激发设计师的创造力，可直接应用于设计，使设计作品更加立体富有层次感。

　　灵感版是设计师的创意平台，通过图片排版、色彩样本与面料小样，构建出传递情感与主题的视觉场景，也是表达设计理念的重要工具。笔记与思维导图则负责理性分析与结构化整理。文字描述将灵感具象化，而思维导图通过节点与分支连接，揭示灵感的逻辑关系与层次。这样的整理方式，不仅理清了思路，也让设计方向更加精准，确保创意从概念到作品的完整呈现。图 8-5 中《塞上行》头脑风暴以思维导图的形式展现，最终选定以蒙古民族服饰为灵感导向。图 8-6《塞上行》灵感版图文并茂。

图 8-5　《塞上行》头脑风暴

此次的头脑风暴选择了传统元素的创新与应用进行思维导图的发散，选取文化和书画、传统节日、工匠、非遗几大模块进行思维发散，最终选择了内蒙古民族传统服饰为灵感导向进行服装的创新性设计。

图 8-6　《塞上行》灵感版

灵感来源于中国少数民族蒙古族。蒙古族服饰是我国北方游牧民族服饰中代表性的服饰之一，以蒙古族服饰为启发，将传统的蒙古工艺融入设计作品中，结合当代流行趋势加上游牧民族本身的气场进行设计，同时从内蒙古女性角度，将蒙古族女性的野性、豪迈、自由、独一无二的民族力量展现出来。

四、设计应用与实践

　　将灵感转化为具体的设计是灵感收集的最终目的，在这一阶段，设计师对灵感进行筛选与提炼，将其变为清晰的设计概念。灵感虽无形，但设计师却能从中提取廓形、色彩、材料、图案、配饰等具体设计元素。接下来，明确设计主题和核心元素，并将其贯穿整个设计系列，才能保持系列的统一。如图8-7《塞上行》廓形趋势、图8-8《塞上行》色彩趋势、图8-9《塞上行》面料版、图8-10《塞上行》的配饰趋势，设计师通过搭配与组合，使这些元素在系列设计中相互呼应，形成和谐统一的视觉效果。

图8-7　《塞上行》廓形趋势

　　在进行系列设计时，设计主题和设计语言是核心。设计师将灵感转化为设计概念，到提炼主题，最终建立设计语言，其中包括色彩、图案、材质选择，以确保作品连贯性和辨识度。在转化过程中需要设计师通过手绘草图表达设计意象，将脑海中的构想初步呈现于纸面。从设计意象到设计草图，呈现初步系列面貌，再经过不断调整和润色，确保细节与主题相连，系列中的单品及整体应诠释主题和语言，色彩需统一且富有层次，图案需与主题紧密相连，材质多样且风格统一，使系列效果图和谐统一富有美感。如图8-11《塞上行》的设计草图、图8-12《塞上行》的设计效果图定稿。

　　从系列效果图到系列装成衣的转化过程中，款式上要大胆创新，通过调整整体廓形和服装细部，创造多样化款式，紧扣设计主题。可运用褶皱、刺绣等工艺手法来增添视觉效果。通过面料试验，探索不同材质与设计的结合。最终，通过样衣制作，将设计理念转化为触手可及的服装款式。在这个过程中，需不断进行实验与推敲，完善设计细节，完善服装版型，直至达到满意的效果。配件和装饰如鞋子、包、首饰等，作为点睛之笔，可强化设计主题的表达，为整体造型增添亮点，满足消费者个性化需求。如图 8-13、图 8-14《塞上行》系列制作过程，图 8-15 最后的系列成衣展示。

图 8-8 《塞上行》色彩趋势

图 8-9 《塞上行》面料版

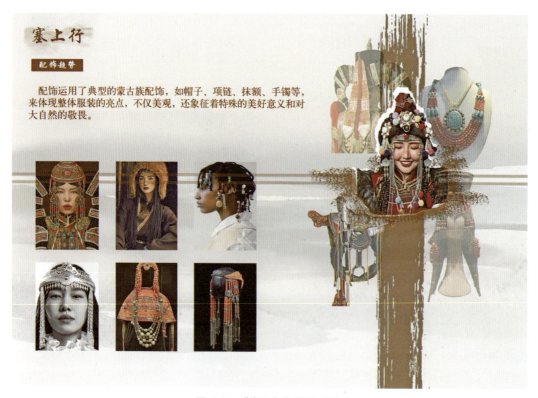

图 8-10 《塞上行》配饰趋势

图 8-11 《塞上行》的设计草图

图 8-12 　《塞上行》的设计效果图定稿

图 8-13 　《塞上行》部分白胚制作（高思懿、李聪慧作品）

图 8-14　《塞上行》细节制作

图 8-15　《塞上行》系列成衣展示（高思懿、李聪慧作品）

《塞上行》系列成
衣展示（高思懿、
李聪慧作品）

第三节 系列装设计方法

系列装设计
方法

一、运用造型要素所构成的系列设计

（一）造型要素的深度解析

　　线条是服装设计的第一语言，其形态和走向勾勒出服装的骨架与灵魂。直线简洁利落，常见于现代主义风格，而曲线柔美富有流动性，可以营造出浪漫或女性化的氛围。在系列设计中，设计师运用不同线条，强化单品个性，构建多变的视觉节奏。比例则是设计的美学原则之一，关乎元素之间的数量关系与空间布局，其应用确保整体与局部的和谐共存。平衡可以通过色彩、形状与材质的分布来实现。结构与剪裁则为服装从平面到立体的核心技术。设计师常在系列中探索材料与技法的可能性，通过对细节的深入推敲，让舒适度与艺术性融为一体。而质感与材质，作为服装设计的重要表达手段，通过视觉和触觉的双重体验，强化人们对系列服装的认知。

（二）造型要素在设计风格中的运用

　　在系列设计中，造型要素的运用自由与多变，打破常规的轮廓与比例关系。以解构主义风格为例，它是对传统设计理念的颠覆与重构。线条上不再受限于传统的直线与曲线，采用不规则的剪裁和流畅的曲线，以及大面积的布料堆叠与解构重组，创造出具有层次感又不失整体性的服装造型。在比例与平衡方面，通过布局服装的各个部分，使其在不规则中寻求和谐，展现出一种视觉张力。如图8-16所示的系列设计《璃》以解构主义为主要风格，剪裁上大胆尝试多色拼接、异形裁剪等手法，使服装呈现出一种破碎与重组的美感。材质上也不拘一格，仿玻璃材质与皮质、毛呢等多种材质混搭使用，创造出极强视觉效果与触感体验。

解构主义风格
服装系列设计
《璃》（莫小婷、
谢粤作品）

图8-16 解构主义风格服装系列设计《璃》（莫小婷、谢粤作品）

二、运用色彩要素所构成的系列设计

（一）色彩在系列设计中的应用

系列设计的首要任务是确立一个或多个核心色彩基调，应紧密围绕设计主题，考虑目标消费群体的审美偏好及市场趋势，确保色彩基调能够准确传达设计理念与品牌精神。核心色彩基调的确立，为系列中的单品设定了统一的视觉语言，奠定了整体风格的基调，使消费者能够迅速识别并产生共鸣。在核心色彩基调的基础上，辅助色的融入是提升系列设计层次感与细节感的重要手段。辅助色应起到补充、协调与点缀的作用，既不过于突兀，又能与核心色彩形成和谐共生的关系。如图 8-17 所示的系列装《不筝》把美拉德色系（以褐色、深棕色、橙色为主）＋无彩色系（白色）和对造型元素的创新，运用在其系列作品当中。

系列装《不筝》（庆瑞东作品）

图 8-17 系列装《不筝》（庆瑞东作品）

（二）系列设计中的色彩协调与对比

色彩搭配是保持服装系列风格连贯的核心。相邻色的自然过渡，如浅蓝色到深蓝色，淡紫色到粉紫色，能带来柔和温馨的氛围。而类比色组合，例如黄色与绿色，红色与橙色，则因相近色调，展现出和谐的层次感。更复杂的三色搭配，如红色、黄色、蓝色，因间隔 120 度而独立又关联，形成稳定而多变的色彩结构。对比色则让设计有强烈的吸引力。冷暖色的碰撞，例如米色基调中融入宝蓝色的外套，瞬间吸引目光。高饱和度与低饱和度、明度对比，也能打破平衡，增添亮点。深色系中以高明度单品提亮，浅色系中用深色单品增添稳重，这些色彩搭配赋予系列设计别样的情感张力。实际应用中，设计师常结合明度与饱和度的调节，辅以渐变、拼接或印花设计，让服装层次更加丰富。

（三）色彩与材质的结合

色彩与材质的结合，是系列设计中重要的因素。材质的选择直接影响色彩的呈现效果，而色彩的运用也需要考虑材质的特性。在系列设计中，保持整体的统一性至关重要。设计师可以通过材质与色彩的搭配来实现这一目标。在设计的时候，可以选择在同一种材质上运用多种色彩，通过色彩的渐变、对比或呼应，营造出丰富的视觉效果和层次感。同时，也可以在不同材质上运用相同色调的色彩，通过材质的对比来强化色彩的统一感，使系列中的每一件单品都紧密相连。

（四）案例分析

系列设计作品《情白》以云南白族的传统建筑图案为灵感，在色彩要素上运用了蓝色作为主色调，通过蓝色的不同饱和度，搭配白色和银色作为辅助色，与蓝色形成了对比，同时也提升了整体设计的精致度（如图 8-18）。

图 8-18　系列设计作品《情白》（范梦喆作品）

三、运用面料要素所构成的系列设计

（一）面料在系列设计中的重要性

面料的统一性与连续性是维系系列和谐统一的关键纽带，是提升设计整体性和辨识度的核心策略。在面料的选择上，需平衡触感的细腻与视觉的冲击力，让两者相辅相成。面料的功能性，是设计实用性的重要体现。设计师通过挑选融合各具特色的面料，能够营造出多样化的风格情境——从奢华典雅的宫廷风范，到简约随性的日常休闲，再到前卫探索的科技未来感，每一种风格都因面料的选择而得以生动呈现，为整个系列奠定了基调。

（二）面料的选择与搭配

主面料直接决定了整个系列的基调与质感。选择 1 ～ 2 种核心面料，面料需与系列主题紧密相连。辅料能为整体系列增添创意与层次，可以作为装饰元素，例如蕾丝、纱网等；或是作为局部设计元素，如将皮革放在肘部，可以增强服装的耐用性，凸显服装的实用性。

在面料的选择与搭配上，通过不同质地、光泽与厚度的面料，可以创造出丰富多变的视觉效果与触觉体验。光泽感强烈的面料与哑光面料的并置，能形成明暗对比；而质地相近的面料，则可以通过色彩与图案的变化，来保持系列的统一性与和谐感。

（三）面料的改造与创新

面料的改造与创新

在服装系列设计中，面料改造是通过物理、化学或艺术手段对基础面料进行二次加工，使其在质感、形态、功能或视觉表现上发生创新性变化的过程。它是系列设计的重要环节，能够增强系列的统一性、主题表达和艺术张力。面料改造不仅承担着视觉美学的构建任务，更通过材质创新推动着设计理念的完整表达。设计师通过对纱线编织方式的重组、表面肌理的立体化处理，或智能材料的集成应用，使面料本身成为传递设计主题的"第一语言"。面料改造有很多种方法，详细方法及应用场景举例如表 8-1 所示。

表 8-1　常见面料改造方法及应用场景举例

改造类型	具体手法	应用场景举例
物理改造	褶皱、压花、编织、刺绣、激光切割、毛边处理、立体填充	例外（EXCEPTION）：立体褶皱与填充设计 盖娅传说（HEAVEN GAIA）：传统刺绣与编织结合
化学处理	染色（渐变、扎染）、漂白、酸洗、酶洗、涂层（金属感、荧光）	江南布衣（JNBY）：扎染工艺系列 素然（ZUCZUG）：环保植物染与无水染色技术
复合叠加	面料拼接、贴布绣、热熔胶复合、多层叠加	李宁（LI-NING）：运动装中的机能面料拼接 郭培（玫瑰坊）：高定礼服多层复合面料工艺

续表

改造类型	具体手法	应用场景举例
破坏性处理	烧花、磨破、撕裂、打孔、虫蛀仿生	密扇（MUKZIN）：国潮设计中的做旧撕裂牛仔 太平鸟（PEACEBIRD）：磨破工艺街头风系列
科技介入	智能温控面料、光感变色材料、可降解纤维、3D针织成型	安踏（ANTA）：冬奥系列智能温控羽绒服 鄂尔多斯（ERDOS）：3D针织羊绒科技面料

在消费者追求个性化的时代，经过特殊处理的面料因其不可复制的质感，往往能触发强烈的情感共鸣。同时，环保染色、零浪费剪裁等改造技术，正推动时尚产业向循环经济模式转型，使服装在创意与可持续维度上实现双重突破。可以说，当代服装设计的竞争本质，已演变为面料创新能力的角逐。

四、运用装饰手段所构成的系列设计

（一）装饰手段在系列设计中的角色与重要性

装饰手段有刺绣、印花、珠绣以及创意的拼接等。在系列设计中，装饰手段能将各个单品有机地串联起来，形成统一而又多变的整体。运用色彩搭配、图案元素、材料质感等共同语言，将装饰元素运用于系列整体风格之中，让每一件单品各具特色，又和谐共存于统一的设计框架内。

（二）常用的装饰手段及其应用

刺绣的针法与图案成为系列设计中常见的装饰元素。刺绣的针法和绣法多种多样，如平针绣、立体绣、毛巾绣等。印花技术有多种，如丝网印花、数码印花、植绒印花等。设计师们可以通过整体的设计风格和图案，选择不同的刺绣或者印花运用到服装的特定部位，如领口、袖口或裙摆等位置（如图8-19）。

拼接与混搭就是将不同材质、颜色或图案的布料进行大胆拼接，创造出令人耳目一新的视觉效果。这种混搭风格的应用，更是将不同风格元素结合。如将复古与现代、优雅与运动相融合，创造富有个性的服装作品，来满足消费者日益多元化的审美需求（如图8-20）。

珠绣与金属装饰作为高端时装系列中的常客，其质感与光泽为服装增添了奢华感与精致感。珠绣通过细密的珠子与丝线交织而成，形成立体有层次感的图案；金属装饰常见的有亮片、链条或金属扣等（如图8-21）。

镂空与切割技术是展现个性与创新的手段之一。它主要是通过激光切割完成，设计师可以在服装上创造出复杂的图案与线条，更加直接地改变服装的形态与结构，通过去除多余的部分来突出服装的某些细节部位或强调身体的线条美（如图8-22）。

图 8-19　系列小礼服中的刺绣运用

图 8-20　拼接与混搭为设计增强层次感与动感

图 8-21　珠绣与金属装饰增添时装奢华感与精致感

图 8-22　镂空与切割技术能增强服装视觉冲击力

五、运用多种艺术风格所构成的系列设计

在系列设计中可以融入多种艺术风格和来自世界各地的艺术元素，设计师不应受限于单一风格或传统框架，需要敢于突破常规，将看似不相关的艺术元素进行大胆碰撞与融合。

（一）巴洛克风格

巴洛克是源自 17 世纪欧洲的艺术风潮，该风格代表性图案的最大特点是贝壳形与海豚尾巴形曲线的应用。巴洛克图案就是以这种仿生学的曲线和古老莨苕叶状的装饰为风格（如图 8-23）。

除了面料与刺绣，巴洛克风格的系列设计还表现在繁复的褶皱、蓬松的裙摆以及层叠的裙摆设计，设计注重层次与流动感。同时，精致的配饰也是巴洛克风格重要的一部分。华丽的珠宝、繁复的头饰以及精美的手袋等，都为整体造型增添了更多的亮点与看点（如图 8-24）。

图 8-23　巴洛克图案

图 8-24　巴洛克风格服装

（二）现代主义风格

现代主义风格以其简约的线条、纯净的色彩和卓越的功能性设计，重新定义了服装的美学标准，摒弃了华而不实的装饰，专注于剪裁与结构的探索。这种剪裁确保了穿着的舒适性与自由度，让时尚与舒适并存。色彩方面偏爱黑、白、灰等经典色系，以及淡雅的莫兰迪色系。现代主义风格的系列设计始终将实用性与多功能性放在首位，设计师们将服装的功能需求融入设计之中，例如可拆卸的设计、可调节的腰围、多功能口袋的设置等。

（三）波普艺术风格

波普艺术风格有着鲜艳的色彩、图案，更是将抽象图形、名人肖像、卡通形象等元素运用在服装中。波普艺术风格的系列设计，通过大胆的色彩运用和夸张的图案设计，打破了传统服装设计的界限与束缚。如图 8-25 中服装的波普图案极具视觉冲击力。

（四）欧普艺术风格

欧普艺术（Op Art），作为视觉艺术的一个分支，利用光学原理和几何形状创造出视觉错觉与动态效果。运用色彩对比、线条交错以及图案的重复与渐变，达到视觉上的动态流动感。如图 8-26 中的设计就是运用不同粗细黑白条纹的排列引导视线的跳跃与游移。

图 8-25 满印波普图案的服装

图 8-26 欧普艺术在服装上的运用

第四节 系列装案例赏析

一、系列装作品《弈空》

本设计系列灵感源自围棋，将传统智力竞技精髓提炼为图案，现代诠释棋盘、棋子美学。图案灵活应用于不同款式、剪裁和面料的服装上，通过位置变换丰富视觉层次。此外，该系列配饰也融入围棋元素，强化系列整体性和连贯性，新颖展现围棋文化（如图 8-27 ～图 8-32）。

灵感来源

静即是空，"弈"的对决中，双方的"静"是一种意志，棋盘上的棋子，从天元一点开始，就注定千变万化，其中的意境使人悠悠然然、坚忍不拔。便像是这嘈杂的社会，每个人都很难"静"下来，在人生的棋盘之中，我们应当怀揣着坚忍不拔的精神去操控自己人生棋盘，落好每一颗子。落子无悔！

图 8-27 《弈空》系列灵感来源

颜色提取

是以对方存在于显示自身的力量！黑白子符合。它们之间有着令人难以言状的精神，又总是永远都不会过时的两种颜色，也正好与围棋的共性。黑色和白色

它们都具备不可超越的虚幻和无限的精神，又总黑色是一种暗藏力量的色彩。黑色和白色

黑色代表着空、无、永恒！会给人很强的力量，黑色的穿着会让人有意志坚定、固执、自律的感觉。正是下围棋所体现的！

图 8-28 《弈空》系列颜色提取

图案延伸

时代不会使人们将围棋遗忘

每一次所落的棋子，都离不开生活与世间轮回的羁绊，兜兜转转，传承不断

子为阴阳，可为柔与刚，与太极的"变易"与"中和"形成了中华文化包容、与时俱进及尚和的寓意

图案延伸

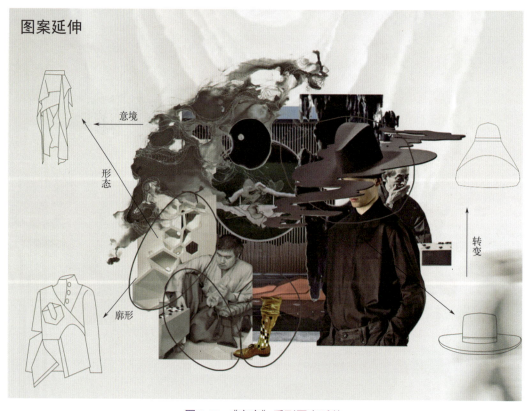

意境

形态

廓形

转变

图 8-29　《弈空》系列图案延伸

图 8-30 《弈空》系列服装效果图

设计说明：两件衣服都采取激光切割、数码印花编织和拼贴的手法，让服装具备一定的工艺感。都是以内搭配外套的搭配方式，在整体搭配比较硬朗情况下，下半身的裙摆给人一种柔中带刚的感觉，增加了整体的搭配效果并且呼应了主题！

款式图

(a)

图 8-31

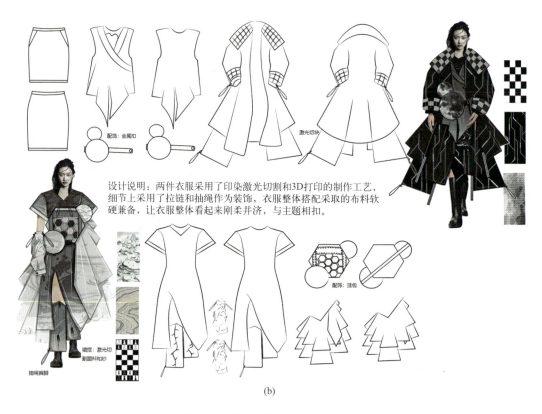

设计说明：两件衣服采用了印染激光切割和3D打印的制作工艺，细节上采用了拉链和抽绳作为装饰，衣服整体搭配采取的布料软硬兼备，让衣服整体看起来刚柔并济，与主题相扣。

(b)

图 8-31 《弈空》系列服装款式图

图 8-32 《弈空》系列服装展示（詹翠玲、刘付家作品）

二、系列装作品《拾山》

　　本设计系列灵感源于自然之旅，整体采用牛油果绿、大地棕等自然色彩，通过撞色拼接打破传统单调感，立体口袋增强实用功能，抽绳装饰实现多变造型，设计元素贯穿设计系列，实现了"一衣多穿"的灵活变换，让穿着者可以根据个人喜好或场合需要，轻松调整服装的宽松度与造型，展现了设计的包容性与实用性。面料选用防水面料确保户外干爽，网格面料增添轻盈透气感（如图 8-33～图 8-37）。

图 8-33　《拾山》系列灵感来源

三、系列装作品《枯木逢春》

　　本系列以枯木逢春的涅槃意象为灵感内核，历经风霜的朽木在时光沉淀中焕发新生力量，诠释文明传承的坚韧之美。色彩体系以大地色系为基底，绛红与青碧作为点睛之笔，隐喻中华文化如年轮般生生不息的脉络。设计语言提取中草药的自然形态转化为装饰纹样，结合珠饰刺绣工艺呈现，既延续传统造物智慧，又注入当代审美意识。服装结构融合东方禅意廓形与西式解构主义剪裁，通过流苏与不对称分割的碰撞，展现传统工艺的纯粹性与现代设计的先锋性共生的美学样式（如图 8-38～图 8-51）。

图 8-34　《拾山》系列色彩版

图 8-35　《拾山》系列工艺版

图 8-36　《拾山》系列服装效果图

图 8-37　《拾山》系列成衣展示（张思琪、聂镓仪、黄紫微作品）

图 8-38　《枯木逢春》灵感来源

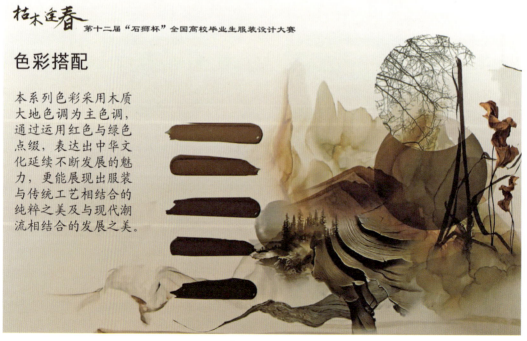

图 8-39　《枯木逢春》色彩搭配

图 8-40 《枯木逢春》流行趋势

图案设计

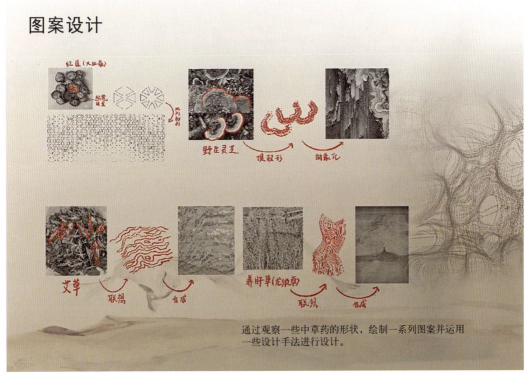

图 8-41 《枯木逢春》图案设计

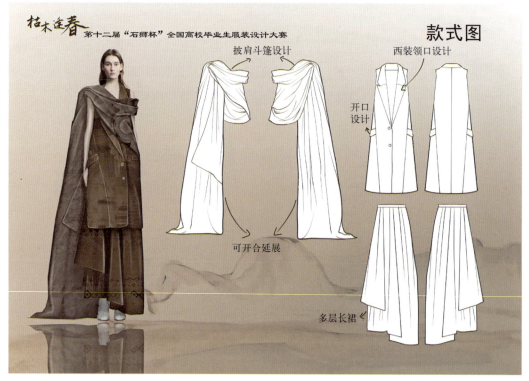

图 8-42　《枯木逢春》款式图 1

图 8-43　《枯木逢春》款式图 2

图 8-44 《枯木逢春》款式图 3

图 8-45 《枯木逢春》款式图 4

工艺细节

在国风的基础上，结合海内外的工艺特质，选取了珠绣作为主要工艺，具有典雅的东方文化底蕴的同时，也具有欧美浪漫风格。

图 8-46 《枯木逢春》工艺细节

图 8-47 《枯木逢春》系列效果图

图 8-48　《枯木逢春》成衣展示 1（郭泽宇作品）

图 8-49　《枯木逢春》成衣展示 2（郭泽宇作品）

图 8-50　《枯木逢春》成衣展示 3（郭泽宇作品）　　图 8-51　《枯木逢春》成衣展示 4（郭泽宇作品）

 ## 🌱 知识拓展

《枯木逢春》
成衣展示

服装流行趋势发布

　　服装流行趋势发布是时尚产业中具有战略意义的核心环节，旨在通过对社会文化、科技创新、消费心理等多维度的深度分析，预测并引导未来 1～2 年的设计方向。它不仅为设计师和品牌提供创作灵感，更通过色彩、面料、廓形等元素的系统化整合，形成市场消费的风向标。例如，国际色彩委员会每年发布的色彩趋势，直接影响从高端时装到快消品牌的配色策略。趋势发布既是商业竞争的"先手棋"，也是时代精神的具象化表达，如近年元宇宙概念的兴起，直接催生了虚拟时装与数字秀场的爆发。

　　传统趋势发布以四大时装周（巴黎、米兰、伦敦、纽约）为轴心，通过 T 台秀场集中展示设计理念，如 Gucci 2023 春夏系列以"双生之境"主题探索虚实边界。然而，数字化浪潮正在重塑规则：抖音、小红书等社交平台实现"即看即买"，虚拟时装周吸引"Z 世代"参与；AI 技术甚至能通过大数据预测趋势，如 Heuritech（赫识科技）作为专注 AI 时尚预测的法国科技公司，利用图像识别分析社交媒体穿搭数据。这种"去中心化"传播使趋势触达效率倍增，但也对内容的独创性提出更高要求。

　　在"国潮"与文化自信驱动下，中国趋势发布正构建独特话语体系。李宁"悟道"系列将少林武术与运动科技结合，盖娅传说以"敦煌"主题秀重现壁画中的缂丝与妆金工艺，这些实践不仅激活传统文化 IP，更通过上海时装周、天猫中国日等平台，向全球输出"东方美学现代性"的新范式。

思考与练习

1. 从至少三个不同来源（如自然界、艺术作品、时尚杂志）收集灵感元素，并记录、分类整理，形成灵感版（主题灵感版、色彩灵感版、面料细节廓形版、配饰版），提交收集报告。

2. 根据灵感版，设计至少五套服装的系列装方案，每套服装体现所选元素，提交设计方案。

3. 分析一种艺术风格在系列装设计中的应用案例，提交分析报告，并基于此设计一个至少四套服装的系列装作品，提交设计草图、理念说明、效果图展示。

参考文献

[1] 李当岐.西洋服装史[M].2版.北京：高等教育出版社，2005.

[2] 李迎军.服装设计[M].北京：清华大学出版社，2006.

[3] 刘晓刚，崔玉梅.基础服装设计[M].2版.上海：东华大学出版社，2015.

[4] 黄元庆.服装色彩学[M].6版.北京：中国纺织出版社，2014.

[5] 张如画，刘伟.设计色彩与构成[M].2版.北京：清华大学出版社，2016.

[6] 叶立诚.服饰美学[M].北京：中国纺织出版社，2001.

[7] 李慧.服装设计思维与创意[M].北京：中国纺织出版社，2018.

[8] 华梅.东方服饰研究[M].北京：商务印书馆，2018.

[9] 许星.服饰配件艺术[M].北京：中国纺织出版社,2005.

[10] 刘元风.服装设计学[M].北京：高等教育出版社,2005.

[11] 毕虹.服装美学[M].北京：中国纺织出版社，2017.

[12] 张金滨，张瑞霞.服装创意设计[M].北京：中国纺织出版社，2016.

[13] 梁明玉.服装设计：从创意到成衣[M].北京：中国纺织出版社，2018.

[14] 侯家华.服装设计基础[M].4版.北京：化学工业出版社，2021.

[15] 李正，王胜伟.服装设计与创意表达[M].北京：中国纺织出版社，2024.

[16] 岳满，陈丁丁，李正.服装款式创意设计[M].北京：化学工业出版社，2021.